新特産シリーズ

日本ミツバチ

在来種養蜂の実際

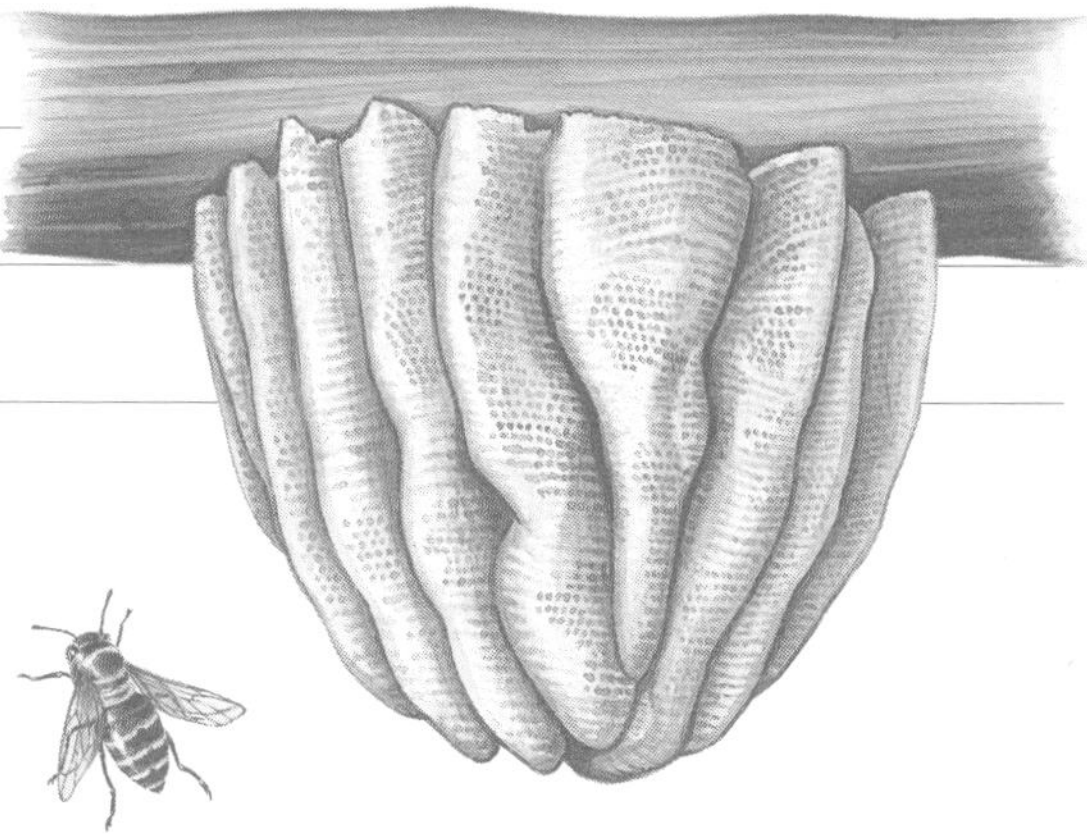

日本在来種みつばちの会＝編

農文協

はじめに

忘れもしない昭和六三年の夏、養蜂業を営む私のところにある人が「分封群を捕らえたので道具を買いたい」と訪れた。聞けば日本ミツバチの分封群のようである。当時、西洋ミツバチよりも劣った蜂であると信じて疑わなかった私は「その蜂は飼い慣らせないし、すぐ逃げ出しますよ」と話した。しかし、その人は日本刀の研ぎ師で、「せっかく日本古来のものであるし、私のところに迷ってきたのも何かの縁だから」と、巣箱と巣礎一〇枚を買っていかれた。

数週間後、その研ぎ師が再びやってきた。「また、蜂を捕えたのですか」と聞くと、「いや、お蔭様で順調に巣作りが進んでいます」と言う。私は驚いて、すぐ案内していただき、巣を見せていただいた。巣箱に巣礎枠を全部入れ、おまけに自距金具もつけていないなど、およそ養蜂家には考えられないような粗放な飼い方であった。ところが、その巣礎枠には見事に日本ミツバチが巣作りをし、貯蜜や育児を行なっていたのである。私はその日から日本ミツバチによる養蜂の可能性を信じるようになった。そして平成元年、有志十数名で「日本在来種みつばちの会」を結成した。

日本ミツバチは明治期に西洋ミツバチが導入される前の養蜂在来種で、その蜂蜜は最高級の垂れ蜜、滋養に富むにごり蜜（搾巣蜜）など独特の風味をもつ貴重品だった。アメリカふそ病、チョーク病にかからず、スズメバチを熱殺し、ダニの増殖も防ぐ。寒さに強いので飼いやすく、交配養蜂にも有望である。

蜂群捕獲や自然巣採取により、誰にでも始められる。飼い方も、野趣あふれる丸太飼いや重箱式といった古式養蜂から可動式巣枠による新式養蜂まであり、西洋ミツバチ用巣箱も活用できる。「居つきが悪い」といわれているが、適正管理で巣の環境を整えてやればどんどん増勢・増群する。

まだ全国津々浦々を見渡したわけではないが、どの地域でも通用する飼い方というものはないと思っている。各地にはそれぞれ異なった養蜂環境がある。願わくばこの本をきっかけとして、それぞれの地域にあった在来種養蜂を試みていただければ、いや、せめて日本ミツバチが茶の間の日常会話に飛び交うようになるだけでも幸いである。なお、本書は私と村上正が執筆にあたったが、最終的な文責は私にある。文中の一人称も私のことである。ぜひ、ご意見、ご批判をお寄せいただきたい。

本書の執筆にあたっては、日本在来種みつばちの会の会員のみならず、岩手大学と玉川大学の先生や学生諸氏にもご協力いただいた。また、従来の養蜂業にとっては時として邪魔な存在となることもある日本ミツバチを、暖かく慈愛の心で受け止めてくださる全国の養蜂家の方々には、ただただ頭の下がる思いである。企画・編集に携わられた農文協編集部にもお礼申し上げたい。記してここに感謝する。

平成十二年　三月

日本在来種みつばちの会　会長　藤原誠太

目次

第2章　蜂の捕獲と巣箱づくり

第4章 蜜の採取から精製、販売まで

第1章　在来種養蜂の魅力

1、在来種とはどんな蜂か

(1) 復活しつつある「日本ミツバチ」

アジアには大ミツバチ、小ミツバチ、東洋ミツバチなど、計八種類の在来ミツバチがいるとされている。なかでも東洋ミツバチは、南はインドネシア、西はアフガニスタンあたりから日本(青森県が北限)まで生息している。私たちが山蜂とか和蜂とよんでいる蜂は、東洋ミツバチの一亜種である日本ミツバチである。

日本ミツバチは古来より樹木の空洞部分をすみかとして営巣してきた。しかし、高度経済成長とともに森林破壊、農薬の大量使用が深刻となり、一時は他の多くの動植物同様にその生存があやぶまれていた。ところが、ごく最近になって蜜源になる広葉樹がたくさん植栽されるようになり、また、住環境の変化に適応するようになったのか、はたまた天敵の大スズメバチが減ったためか、全国的に市街地での営巣報告が多くなってきた。コンクリートの電柱、建物のカベの中、空箱、お墓の中、床下、天井裏などに営巣し、果樹園、街路樹、公園、ベランダ、河川敷などの花を頼りにたくましく生活圏を広げているようである（図1―1）。

　一般に日本ミツバチの一群の蜂数は西洋ミツバチの約半分くらいである。また、一般的に貯蜜力が弱く、採蜜は古式であれば年一回が多い。しかし、採蜜量は少ないが、西洋ミツバチとは異なる興味深い生態や、独特の蜜の味わいが知られるようになり、日本ミツバチが少しずつ注目されるようになってきた。この蜜の甘味には、舌にしみこむような発酵酸味が含まれ味わいぶかい個性的ひろがりを

図1―1　復活しつつある日本ミツバチ
木のうろ（上），土蔵の床下（中），リンゴ箱の中（下）にも営巣している

感じさせる。また、蜂の性質や生産方法の違いによって栄養成分もすぐれるといわれる。

(2) なぜ、追いやられていたのか

私が日本ミツバチを本気で飼い始めたのは昭和六三年からである。幼い頃から日本ミツバチは知っていたし、一時、伝統洞式巣箱の日本ミツバチをしばらく観察したこともあった。しかし、全く興味というか愛着が湧かなかった。それはなぜか。

実はわが家の養蜂は明治三十年代に祖父により日本ミツバチで始まったのだが、西洋ミツバチの国内流入に伴い、熟慮の末、すべて西洋ミツバチにした。それを聞かされて育った私は、子供心にも日本ミツバチは生産性が低く劣った蜂、ようするに、みすてられた蜂の種類と思っていたのである。

明治初期までは日本中でハチミツといえば日本ミツバチの蜜をさしていた。果物と異なり純粋に甘味料的な「ハチミツ」は庶民にとって高嶺の花だったらしい。今でこそ、どこのデパートの食品売場をのぞいても五～六種類の砂糖類、低カロリー甘味料、ハチミツも花別に最低三種類くらいはあるが、当時は甘味が大変貴重であった。そして、まだ甘味に対して〝甘い〟という表現しかなく、微妙な味わいなど要求されることもなかった。

日本ミツバチの四～五倍も蜜がとれる西洋ミツバチが外国から導入され、未分化の甘味市場にその

蜜が流れ込んだとき、それが〝日本のハチミツ〟となってしまった。そして、日本ミツバチは採蜜量でとうてい西洋ミツバチにかなう種類ではないという常識もできあがってしまったのだ。

(3) 古式養蜂を凌駕した管理式養蜂

単に生理的にハチミツ生産力が弱いというだけなら、四分の一程度の生産量でも西洋ミツバチとうまく使い分けができたかもしれない。なぜなら、当時、西洋ミツバチの種蜂は貴重で、それこそ投機の対象にもなったほどである。劇的な切り替わりが起こった原因は他にある。それは、西洋ミツバチが、いわゆる管理式養蜂技術とともに海を渡ってきた点である（図1―2）。

巣板一枚一枚をひき上げることができ、内容の現況が一目でわかったり、貯蜜を数分で手持ちの容器に収められる「可動式」は魔法をみるようなものだったろう。なぜなら当時、日本ミツバチの蜜は巣を壊して採取するしかなかったのである。一つ一つの巣枠がわかれておらず、システマティックでないのだ。巣を壊すということは、蜜をためる器そのものの損失であると同時に、蜂たちがハチミツを巣づくりの材料とすべく、また、エネルギーとして消費して始めて生み出された巣を無駄にすることであり、結果として大量のハチミツの損失と、ミツバチへの酷使でもある（図1―3）。

さらに、古式養蜂では、巣の上部に貯められているハチミツの採取だけのために、下の部分で生活する次世代のハチミツ生産をになう蜂の幼虫、サナギ、そして卵もすべてつぶされるのだ。もちろん、捨てられるのではなく、食用に供されることもある。しかし、蜜の生産においてのみ注目すれば、あらゆることで日本ミツバチにとって不利に働く。もちろん、何度も西洋ミツバチの管理式養蜂技術を利用し、日本ミツバチを飼おうとした人は無数にいたに違いない。しかし管理養蜂の集大成ともいうべき、飼い方・採蜜の仕方そのものが西洋ミツバチの生態だけに基づくものだったからどうしようもなかったのであろう。

図1−2　巣ひ枠を使った日本ミツバチの管理養蜂

上ぶたをはずすと（上），巣ひ枠がかけてあり（中），とり出して採蜜する（下）。現在は日本ミツバチでもこの可動式巣ひ枠で飼育できる西洋ミツバチと見た目は似ている日本ミツバチを同じように飼ってみようとした人は、そのあまりの結果の悪さにとまどう。そして、最後にはいつも「ことごとく失敗したのは自分のせいではなく、日本ミツバチが西洋ミツバチにくらべ劣っているから」と結論づけられてしまったのである。

(4)　評価が一変した南米の蜂の例

さて、最近、ランにしろ、タンポポにしろ、〝在来種〟が注目を浴びるようになってきた。われわ

図1－3　自然巣による古式養蜂
巣をもち上げて（上），ひっくり返して包丁を入れ（中）切りとったところ（下）

れの御先祖様とともに生きてきた、いや、はるかそれ以前から生き抜いてきた在来種に共感や敬意を感じたり、愛着を感じるのは自然な感情というものである。

しかし、私が在来種に注目するのは、そのような感情だけではない。大学時代、約一年間休学して、養蜂研究のために北南米をまわったことがある。そこで私は、日本でいつも飼っていた養蜂用のおとなしい蜂とは全く性格が違う野性化した西洋ミツバチに出会ったのである。

その蜂は「アフリカ化ミツバチ」と呼ばれており、一九五七年頃、ブラジルのケールという博士がアフリカからつれてきた野生のミツバチ（西洋ミツバチの原種の一つ）と、ブラジルの飼育用ミツバチ（はるか昔ヨーロッパから持ちこまれたおとなしい西洋ミツバチ）との混血蜂である。この蜂はとんでもない暴れん坊になり、しかも逃去性や、分封性が強くあまり蜜も集めない、一般的な養蜂にはとても不向きな蜂であった。しかもその性質は優性だったようで混血が拡大し、ブラジルをはじめ南米で多くの蜂群変異が起こり、大問題になった。最近では北米にも広がり始め、採蜜を目的とする養蜂者からは嫌われている。

しかし、一方で蜂ヤニ（今でいうプロポリス原塊）を一般の西洋ミツバチの何倍も集める力が知られるようになり、しかも薬効成分の多いユーカリ樹が大量植林されていた関係で、思いがけず品質の高いものになり、強い制ガン効果さえ見つかるにいたった。日本でまきおこったプロポリスブームの根拠をなすものといえる。

一連の事の是非は別として、たとえばハチミツ生産には不向きでも、それ以外の観点からすれば、在来種は改良種にない多くの潜在的な力を秘めている。

(5)　在来種がもつ潜在的な利用価値

日本で外来種とされる西洋ミツバチももとは〝アフリカの在来種〟といえる。『くまのプーさん』という物語にも登場する、黄色地に黒い縞模様の蜂で、自然の木の洞の中に住んでいるのだ。だから巣の定着率が非常に高く、飼いやすい西洋ミツバチは長い時間をかけて、欧米のお家芸といえる品種改良によってつくられたのである。

図1−4　農家の庭先での飼育“日本ミツバチ”
病害，外敵に強く，耐寒性にもすぐれる

採蜜に向く蜂として選択淘汰

された改良品種、いわば〝採蜜用エリート蜂〟と、厳しい自然の中で戦闘にあけくれている〝サバイバル蜂〟を採蜜量だけで比べることは無意味である。なぜなら瞬間風速的なハチミツ生産力だけを絶対的な価値とはしないのが現在を含めこれからの日本の養蜂である（図1—4）。大量の採蜜だけが目的であれば遂には海外からの輸入蜜に切りかわっていくだろう。それより、致命的な病気や外敵に強い蜂が望まれているし、各地の果物や野菜、木の実をならせるための花粉媒介の役割も重視されてきている。刺さない蜂の育成も国の研究機関が大まじめに進めている。「たくさん刺す蜂のほうがドロボーよけになってよい」といわれた頃がなつかしくはあるが。

いや、少し大きな話をすれば、将来的には、日本ミツバチも貯蜜能力のすぐれたものを集めた育種によってそれなりにハチミツ生産力が増大すると考えている。現在の貯蜜量の差はもともとの原産地環境の違いによることが多いと思う。原産地がアフリカのサバンナ地域といわれる西洋ミツバチは、一年を通じて乾期と雨期がはっきりした気象条件で開花期間が短い蜜源を有効に活用する必要性があるのかもしれない。だから一年中緑の多い、中央アジアのジャングルを発祥地とするらしい日本ミツバチよりも貯蜜能力がもともと優れているのかもしれない。しかし、それとても育種で乗り越えられないような絶対的な差とは考えていない。（現に西洋ミツバチも原種とは大分性質が変化している。）

同じ日本ミツバチ同士でも、地域によって体格の大きいものや、巣をかじりにくいもの、あまりさわがないもの、体色が薄いもの、掃除の力の強いもの、定着率のよいものなどの差が観察される。西洋ミツバチにはない特徴を保ちながら、飼いやすい多少の改良を加えていく蜂づくりも今後の課題の一つといえよう。

2、病害虫に強く、耐寒性にも優れる

(1) フソ病、チョーク病にかからない

日本ミツバチは広範囲な耐病性があり、今のところ、西洋ミツバチで問題となっているアメリカフソ病、チョーク病、そして大被害を与えているミツバチへギイタダニ等によるはっきりした実害報告はまだない。

「病気に強いのは在来種だから」と一言してしまえば簡単だが、このことの意義は非常に大きい。フソ病は腐蛆の文字どおり、幼虫がドロッととけて、にかわ状態でくさってしまう。あっというまに伝染して養蜂場全体にまん延する。しかも法定伝染病なので、たった一匹だけの伝染確認でも国への報告義務があり、結局、全群焼却となる。道具のみの補償で愛蜂たちはせん滅されるのだ。養蜂家が最

も恐れる病害である。

このような恐い病気に、日本ミツバチが遺伝的に全くかからないとすれば優れた特長である。ある知人によると、「昔、フソ病で全滅した西洋ミツバチの巣箱をほおっておいたら、そこに日本ミツバチが飛んできて入り、きれいに巣をつくって何年もすんでいた」という。法律では国に報告しなくてはならないことを話しておいたが、それにしてもすぐ逃げ出したり、病気になったりはしなかったのである。

近縁種の東洋ミツバチで病気の報告例がいくつかあるので、日本ミツバチだけに特有の性質かもしれない。西洋ミツバチでも特定の病気に抵抗性をもつ品種があるが、それと同じなのだろうか。最近、フソ病防除にある種の抗生物質が開発されたが、万全かどうかはまだ未知数である。最近は消費者も薬剤使用に敏感になってきており、使わずにすむならそれにこしたことはない。

チョーク病という病害も西洋ミツバチに大発生することがある。一時ほどではないが、大きな被害を各地でおこした歴史があり、あなどれない病気だ。症状は幼虫、サナギが灰白色または黒色でチョークのようなかたまりになる。いわゆるカビ病の一種である。日本ミツバチは、これにも抵抗性がある。全く病気にならないわけではないが、よほどの弱小群でない限り大丈夫だ。まれに、蜂群が逃げ出した巣箱で、残ったサナギに少しそれらしい形跡が見られる程度である。

図1−5　キイロスズメバチ
巣門の前で日本ミツバチの帰りをねらう

(2)　スズメバチを熱殺、ダニもとる

日本ミツバチには、スズメバチ類（図1―5）に対するたくみな防衛戦略がある。西洋ミツバチでは、大スズメバチが集団で巣をおそうと、防ぎようもなく数時間のうちに数万匹の巣が全滅となる。しかし、日本を含め、アジアには大スズメバチやキイロスズメバチなどミツバチをおそうタイプのスズメバチがおり、長い長いせめぎあいの中で獲得した知恵なのだろう、日本ミツバチは対抗手段をもっているのだ。

それは、多数でいっぺんにスズメバチの全身にかみついてうごきをふうじてから、何と、羽の筋肉を収縮することで強い熱を発し、スズメバチの致死温度（四七℃くらい）に体温を引き上げ、むし殺すのである。本能とはいえ、まさに必要は発明の〝母〟ということか。ただし、大スズメバチを殺すためにはやはりそれなりの数が死ぬことになる。犠牲のしかばねに、戦国時代のサムライを見てしまう。

また、日本ミツバチはダニにもほとんど影響をうけない。こんな一・五センチにみたない小さな蜂にもダニがいるのかと思うかもしれないが、西洋ミツバチにはミツバチヘギイタダニという、魚のうろこの一片を茶色にしたような形のものがよくつく。これが西洋ミツバチのサナギに寄生し、羽根の付け根の成分を吸われると親になれなかったり、羽根の奇形がおきて空を飛べず、地面をはうだけになって仲間にもみすてられる。そして群はどんどん働き蜂を失ってついには生きてゆけなくなることもしばしばあるのだ。

ある学者の説では、日本ミツバチは猿がのみとりをするように、仲間同士でダニをとりあうともいわれている。一応、西洋ミツバチ用にはアピスタンという薬があり、とても便利で即効性のものだが、これもヨーロッパではすでに薬の耐性をもつダニが出てきたという。ほとんどすべての化学薬剤は、耐性とか副作用の問題がつきまとう。使わずにすむならそれにこしたことはないのである。

(3) 生命力、群の回復力が強い

冬を越し、早春にほんの一握りしか生き残っていない日本ミツバチの巣があった。そのまま死んでしまうだろうと思い、つい一ヵ月以上ほうっておいたが、かたづけようとして箱を動かしたら蜂が飛びだしてきた。箱を置いて中を見ると、いっぱしの群になっている。こういうことは一度や二度ではない。何らかの理由でほんの一握りの蜂の群になってしまい、西洋ミツバチであればどうみてもこのまま消滅すると思われる状態であっても、日本ミツバチなら挽回する可能性がかなり大きい。

また、仲秋から晩秋にかけて、時として、おもしろい状況に出くわすことがある。カキの実やイチイの実が落ちているところに、日本ミツバチがその果汁を吸いにくるのだ。糖類が含まれるので当然とも思えるが、糖度は花の蜜より低い。西洋ミツバチでも時にはこういうこともあるが、よほど管理が悪い時で給餌をおこたった時にのみまれにあるものだ。それに比べて、嗜好的にそうなのか、または西洋ミツバチとの力関係でそういう性質をもつに至ったのかわからないが、ある程度花がまだある時でも果実エキスを吸っているようだ。

私は、西洋ミツバチと日本ミツバチを同じ蜂場内で飼うこともあるが、同じ日で西洋ミツバチのほうの蜜の味と日本ミツバチの蜜の味が全く違っていることがある。さらに、日本ミツバチの蜜は、ブ

図1－6　日本ミツバチの女王蜂（矢印）と働き蜂
通常は黒色だが，この女王蜂は体色が黄色で全体に明るい色をしている。めずらしい例

ドウのような香りとわずかに発酵臭を発していた。
いずれにせよ、大量に流蜜する花以外では、住みわけというか、集蜜範囲を別にしていることが多いようである。

(4)　寒さにも暑さにも対応できる

真冬の時期でも暖かい日には、脱糞のために巣外に飛び出すミツバチが多くなる。しかし、西洋ミツバチは、温度の急激な低下や寒風で動きがにぶくなり、再び巣にもどってこれなくなることも多い。巣門の近くまでたどりついておきながらも、雪などの上に休んでいるうちに冷えて死ぬ数は、一冬でばかにならない数にのぼる。

一方の日本ミツバチは、暖かい日はもちろんのこと、少しぐらい寒くても巣外に飛び出す。西洋ミツバチが動けなくなる一一℃以下の温度でも、巣の中で幼虫が飢えている時など必要とあれば飛んでいって花粉を集めてくる。夏にもまして敏捷な動きをみせ、脱糞も短距離のところですませ、すぐさま巣の中にピュッと入っていってしまう。雪の上で冷えて死ぬ蜂もあまりみられない。時として多い場合もあるが、それは寒さ以外の理由（盗蜂や餓死など）が疑われる。

秋遅くに生まれた日本ミツバチは、低温に対応しているのか、体色が総じて黒っぽくなり、熱を吸収しやすい（図1―6）。そのように寒さに強いなら、暑さには弱いのではないかと思われるかもしれない。しかし、晩春から初秋までは冬型である黒色がかなりうすれ、専門家でも時として西洋ミツバチと見間違える黄色になる。夏・冬それぞれの気候に対応する術ももっているのだ。ただし、すみかとしては直射日光はあまり得手でないようなので、巣箱は日陰に置いたり、よしずを張るなどして光を調節する。

日本ミツバチは低温耐性（低温に対する耐性、活動性）が西洋ミツバチより強いようで、東北のリンゴの花冷えの時や、やませ（北東北地方で初夏に寒流の影響で温度が急激に下がったり霧で日照が減る現象）の時でも活動できる。

(5)　敏捷で、交配養蜂にも有望

日本ミツバチは、巣の中に食料がたくさんある時は、わざわざ過酷な天気の時に飛んではいかない。

ところが、巣内に食料が少なく、幼虫が腹をすかせている時には、西洋ミツバチが生理的に動けない温度でも、かなり無理して花粉や蜜などの食料を探してくる術をもっているのだ。

これは東北に限らず、冬〜初春のハウスイチゴやメロン、晩秋の採種用花き類などの交配にも有望と思われる（図1―7）。ある会員によると、まだ寒い北国の三月初め、時おり急に温度の上がる時にハウスのすそを上げておくと、外からかなりの数の日本ミツバチが入ってきてイチゴの花に群がり、あっというまに授粉が終了したそうである。

図1—7　交配に用いられる日本ミツバチ
サクランボの受粉用に飼育。ここでは，自然巣をつくらせている

花から花へ飛びうつる時間の間隔も、西洋ミツバチよりすばやく、ジグザグに狭い所も飛び回れる。すばしこさでは、日本ミツバチのほうが、ルーツが森林なのか、数段上手で、こまわりがよく効く。ちなみに、小さな花の集合花では、観察していると、西洋ミツバチが一〇の花を訪れるころには、一三〜一四、回っていることもめずらしいことではない。

日本ミツバチはアフリカのサバンナで育った西洋ミツバチと違い、アジアの蜜林で独特進化した東洋ミツバチの亜種である。まさに日本ミツバチの面目躍如である。逆に、西洋ミツバチは自分の巣からかなり長距離にあるサバンナのここかしこのくぼ地に咲く花や雨後にいっせいに咲く谷間の花の群落のようなまとまった蜜源に行き来できる直線的飛翔に向いているのかもしれない。

3、在来種への誤解と正解

(1)　逃げるのは飼い方に問題がある

日本ミツバチが西洋ミツバチに比べて逃去が多いことは、この両種を飼育してみればだれでも感じると思う。しかし、逃去には原因があり、対策を講じていればめったに起こらないものである。原因と対策についてまとめてみよう。

①食料不足

逃去の中で最も多い原因の一つだが、蜂の出入りのようすで異常を感じたら内検を行なう。出入りがほとんどなかったり花粉が運びこまれていないようなら、必要に応じて早めに糖液給餌をすると逃

図1―8　西洋ミツバチ用巣箱で10枚満群の日本ミツバチ
1枚2,000匹として2万匹。上手に扱えば決して逃げない。この群は12枚群まで増えた

去を防ぐことができる。逃去の前には集めても無駄になる花粉を持ち込まないからである。

②居すわりの悪い群

分封群は新しいすみかをもとめての巣分れだから、私たちが提供した巣箱にもすんなり収まってくれる場合が多い。しかし時として逃去を繰り返す群もある。初めて分封群を手に入れた初心者であれば、巣箱の選び方、蜂の扱い方に原因があるとも考えられるが、それでは説明がつかず、原因がよくわからない時は、蜂群の性質と考えたほうがよい。そのような時は同じ日本ミツバチの他群からの蜂児枠一～二枚くらいを蜂群の中心に入れ、給餌をするとなぜかうまくゆくものである（図1―8）。

営巣群を見つけ蜂を巣箱に入れただけでは、そのほとんどは数日中に逃去され失敗に終わる。なかにはまれに巣箱の中に巣房を単に立ち並べて置くだけでしばらく居付く群もあるが、このような方法では、女王蜂の押し潰しやスムシの発生などが起きやすく、移動も不便である。必ず巣ひ枠を利用し、群の蜂児を巣ひ枠に付け、蜂群を静かに移殖すると居付くものである。

分封群など、営巣を始めたばかりの群では、巣が柔らかく、巣枠に取り付けることがむずかしい。可能なら蜂児も多く、巣房も丈夫になる二カ月過ぎまで待ってから移し替え作業を始めるとよい。巣箱を置くところは少々明るいこもれ陽の当たる程度の木陰を選ぶ。杉林や竹林は夏温度が上がらず分封熱をおさえる点はよいのだが、暗いため見にくく内検が困難になる。また、春の育児が遅くなることもある。そのほかに巣箱の見回りの時に熊に襲われる事故も考えられる。安全性の面からも見通しの良い場所を選ぶとよい。

③外敵の脅威

熊に荒らされた蜂は巣がつぶされており、また、熊も再び来るのでいずれ逃去する。このような群は熊におどかされ、とくに神経質になっていると考えられる。そこで他群からの蜂児枠二～三枚とともに別の巣箱に移す必要がある。

また、大スズメバチの襲来も考えられる。大スズメバチがミツバチの巣箱に入り込めないよう、巣門の高さを一センチ以下にする必要がある。蜂場で大スズメバチをみつけたら、手網などで、みつけしだい捕獲する。大スズメバチはいったん巣箱内に入ると自分たちの巣のようにふるまい、人間に対してもおそってくることがあるので、充分気をつける（ただし、他のスズメバチにはこの性質はない）。

やはり前もって入り込まれないようにするほうがよい。そこで見回りの回数が少ない遠い場所や時間のない人であればスズメバチ捕獲器の使用をおすすめする。

④不適切な採蜜・内検

採蜜や内検などでも逃去が起きることがある。たとえば採蜜が原因の場合、翌日からミツバチの出入りが不活発になり数匹の蜂が出入りするだけになったり、ひどいときには、午前中ですでにもぬけのからになっている。逃去した巣箱の中は営巣意欲をなくした数十匹の働き蜂がモソモソ動いているだけで、スムシ（ハチノスツヅリガの幼虫）が発生しても無関心になる。暑い時期には七〜一四日もすれば巣房はすっかりスムシに荒らされてしまい、貯蜜も蜂児もなくスムシだけが多量にいる巣箱になる。ついには巣箱までがボロボロにされる。

こうなっては後のまつりなので、活動がよくないと感じたら、スムシがいないか確かめたうえで他群から蜂児枠一〜二枚を巣箱に入れ、砂糖水を与えながら育児を奨励する。これでも活動を始めない群であれば網室に蜂だけを入れ、蜂球を一〜二日間つくらせてから巣箱にもどし、蜂児や砂糖水を与えて蜂群に営巣意欲を起こさせる。網室で蜂球をつくっている蜂たちは空腹状態だから給餌が必要である。蜂球のそばに砂糖水を置く。

(2) 神経質だが、めったに刺さない

日本の昆虫図鑑では西洋ミツバチをミツバチの代表のように載せている場合が多い。一般の人々が日本ミツバチの存在を知る機会は少ない。ましてや、虫といえばトンボ、チョウ、カブトムシくらいしか思い浮かばない人であれば、ミツバチもスズメバチと同じく毒針を持った恐い存在に感じる。ミツバチの針も確かに多少の痛みや腫れを伴うが、毒の力や作用ではスズメバチのほうがはるかに強力で異質である。また、基本的に日本ミツバチの毒の成分および量は西洋ミツバチのものより少ない。ミツバチの針は防衛のためだけについているので、通常であれば自ら攻撃をかけることはない（図１—９）。また、適切であれば蜂針療法にも応用できるほど安全である。

日本ミツバチは動きが機敏で、黒色野生種というこ

図1—9　巣ひ枠に群がる日本ミツバチ
ていねいに扱えばおとなしく，めったに刺すことはない

図1―10　蜂を扱う時の服装
めったに刺さないが，念のため着用したほうがよい。蜂を刺激しない白っぽい服にし，そで・すそにも入りこまれないようにする。帽子，面布も必ずつける

とで色が明るい改良種の西洋ミツバチに比べて攻撃的で扱いにくいのではとイメージしがちである。しかし、本当は攻撃力も西洋ミツバチよりさらに弱く、飛んできて威かくする程度だ。防護面布（顔を守る網）を使用しない飼育者もいるほどである。巣箱のふたをあけ、巣箱内に人の手が入ってくる頃にはすでに威かくする気も失われ、侵入者とは反対側の暗いほうへ逃げようとするのが精いっぱいのようである。

ただし、まれに変わり者もいるので、やはり念のため面布をかぶるほうがよい（図1―10）。とくに無蜜期や、寒冷時になると気が荒くなり、巣箱にふれただけでも人に向かってくる時がある。このような時に作業をする場合は、着衣の隙間にもぐり込まれないよう腕カバーを使用し、面布もしっかり体に密着させ、着衣も蜂の興奮を誘発しにくい白っぽいものにしてから作業に入る。

あまり体の回りを飛び回るようなら、その群には燻煙器で少々の煙を使用することはかまわない。

とくに寒い日の内検では煙を使用しても逃げないので、ようすをみながら利用するとよい。

(3) 落ち着きの有無は群ごとの個性

日本ミツバチは一般に攻撃性が少ない。作業中に体当たりしてくる蜂もあるが、髪の毛にまぎれたり蜂を圧迫しなければ刺すことはまずない。神経質であるため、内検中などはわずかの振動にも逃げまどい、扱いにくい場合もある。これが、いろいろな状況下で逃去する一原因になっていると思われる。

しかし、いざ飼育してみると蜂群によっては年間通して攻撃的なものもある。内検時に必ず大さわぎする群も少なからずある。逆にしばらくの期間扱っていると、人のにおいになれてくるのか全般的にはさわぎにくくなる傾向はある。さらに、著者の知る、ある山間部の日本ミツバチはどの群もおとなしく、蜜を大量に集め、冬なのに夏型タイプといわれる黄色に近い色の蜂群で、時に黒くない女王蜂が産まれたこともある。これらが改良されていない蜂の特徴なのか、系統的に興味深いものがまだ存在すると思う。

日本ミツバチは平均的にいえば神経質な性格だが、群により性質の違いがある。落ち着きのない群は内検や採蜜などはできるだけ短時間に、刺激を少なく行なうように心がけることが大事である。しかし、年間通じて攻撃的な群や逃げまどってばかりの群は、おとなしい群の王台を利用して女王蜂の更新を図ることが必要である（騒ぎ逃げまどう蜂群でも蜂児が多数いれば逃去される心配はまずない）。

なお、逃げまどう蜂に煙を使用しても意味はない。日本ミツバチ養蜂では煙はふつう人にまとわりつく蜂だけに使用する。

(4) コツをつかめば巣ひ枠も利用できる

日本ミツバチは病気に強く最小限度の手間で飼える蜂である。だからある養蜂家は三〇～五〇群以上の西洋ミツバチの蜂群を西洋式可動式巣箱（ラングストロース式巣箱）で飼い、そして日本ミツバチには趣味として管理できる空洞型の巣箱や重箱式巣箱を使用している。しかし、日本ミツバチにも巣枠が利用できれば管理が大変らくになり、採蜜も回転式分離器を使用でき、集蜜量も多くすることができる。その上、甘味材料として使える蜜質となる。このとき次の点に注意する。

①巣穴の大きさ

日本ミツバチは西洋種と同じ巣枠での飼育が可能である。ただし、現在、全国共通で使用できる専用巣礎はない。日本ミツバチは地域差や飼われる情況によってつくる巣穴の大きさが異なるため、南

図1－11　巣礎の穴の大きさの比較

東洋ミツバチの巣穴（左：4.69mm）は西洋ミツバチの巣穴（右：5.2mm）よりずっと小さい。ちなみに岩手県内でも標高地差（黒森山系）で4.9～5.0mm，平地（盛岡市内）で4.7～4.8mmの差がある（自然巣の計測による）

北に長い日本のすべての地域を網羅できるような共通の巣ひ枠がないのである（図１―11）。われわれの印象では、北の蜂ほど、また、標高の高い所ほど蜂の体が大きいようだ。東北地方の蜂には西洋種用巣礎で充分営巣できるものが多いが（図１―12）、関東以南では東洋種用の輸入巣礎（便宜的に日本ミツバチ用と書いているようだが）で代用できるほど小柄なものが多い。さらにこの巣礎使用が働き蜂の小型化に拍車をかけていると思われるふしもある。

蜂たちがつくる巣穴と大きさが合わないと一目でわかるような巣礎で

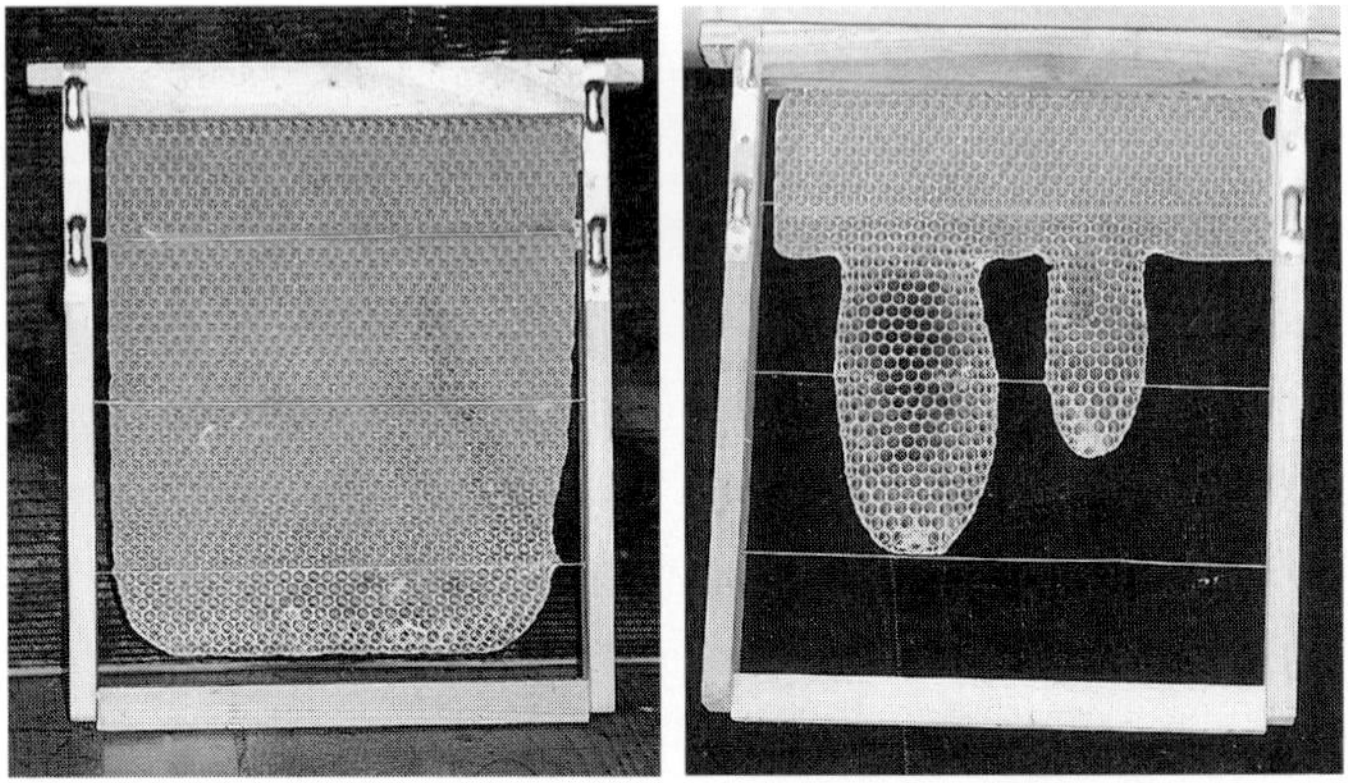

図1―12　西洋ミツバチ用巣礎での巣づくり
巣礎を3分の1だけはったものに巣づくりし（右），なぜか同じ穴の大きさで巣房（六角形）を延長する（左）。やがて，しっかり働き蜂の卵も生む

は巣が変形したり、かみ破って勝手に巣をつくることもある。小さい穴の東洋ミツバチの巣礎では、端のちょうじりが合わないところはかみ切って丸くしてしまうものを見たことがある。また、小さな穴に無理に住まわせると、体の小さい蜂が多くなり、集蜜力など生産効率の点からは好ましくない。

②巣ひ枠を入れる時期

日本ミツバチを巣枠を使って飼う時は当然巣礎枠を数枚同時に入れる。しかし、流蜜のない時に余分に巣礎を入れると、針金にそって大切な巣礎をボロボロにしてしまう。日本ミツバチは不要と感じた巣はスムシ対策のためか、よくこわすので、蜜が入ってくる時期や、給餌をしながら、一枚ずつ確実に造巣させるのがコツである。

巣穴の大きい西洋ミツバチの巣礎を与えられた日本ミツバチは、初めは穴が多少大きいと感じてとまどっているようだが、やがて型どおり巣づくりをするものである。よく見ると巣房の上のフチを少し厚めにして穴の大きさを調節していることもある。多少、巣の堅牢さには欠けるが、上部三分の一だけ西洋ミツバチの巣礎を張り、後は働き蜂自身に巣づくりをまかせると巣に早くなじむ。しかし、なぜか出来上がった六角形は上部の六角の巣礎の大きさのままである。

図1－13　採蜜用二枚がけ分離器
日本ミツバチの巣はこわれやすいので，最初はゆっくり回して加減をつかむ。ただし，人工巣であれば問題ない

③女王蜂の産卵特性

日本ミツバチに西洋ミツバチの巣礎で巣づくりをさせると、繁殖期などでは多数の雄蜂をつくることがある。元々雄蜂用の巣穴ぐらいの大きさなので、雄蜂になる卵の産み過ぎがおこるのだと思われる。しかしこれは、ほんの一時的なもので、繁殖期をすぎると働き蜂になる受精卵

を産みつけ始める。西洋ミツバチでは、女王は巣穴の大きさで雄蜂と働き蜂の産み分けをしているが、日本ミツバチでは、女王は同径の巣穴にも必要に応じて産み分けできるようである。

④分離器の回し方

日本ミツバチはプロポリス（蜂ヤニ）を集める習性が全くなく、ベタベタせず扱いやすいともいえるが、逆に巣房にねばり分がないのでこわれやすい欠点がある。したがって採蜜時に分離器を使用する場合、最初はゆっくり回し、巣に変形が起きていないのを確認しながら徐々に速く回すように気をつける（図1—13）。巣の蜜が飛び始めると、巣ひに重量がかからなくなってくるので早く回せるし、こわれにくくなる。どのくらいの速さがよいかを感覚的につかむことが大切である。なお、人工巣を利用すれば、この問題は解決する。

第2章　蜂の捕獲と巣箱づくり

1、トラップによる蜂群捕獲

日本ミツバチを飼育するには、知人から分けてもらう方法もあるが、自作のトラップを使って自然分封群を捕獲するのも楽しいものである。ここでは、自分で捕獲する方法について述べる。

(1) 偵察蜂が入りやすいトラップを設置

日本ミツバチは分封が始まるともともとの営巣地の近くの太い木の枝に休止することが多い。ふつう偵察蜂(働き蜂)はその数日前から四方、八方に飛んでいき、営巣に適する場所を見つけると群にもどり、それぞれダンスで仲間に知らせる。それをくり返すうち、より魅力的な候補地がしぼられてくる。そして分封でいよいよ木の枝に集合した時、最後に全体の多数決で一カ所の新営巣場所が決まるようだ。そして群全部がまとまって飛んで行くことになる。

この習性を利用して、まず偵察蜂が選びたくなるようなトラップ用巣箱を準備する。トラップ用巣箱の内側には蜜ろう(蜂の巣を溶かしたもの)を軽く塗っておく。また、以前営巣した巣箱があれば、軽くそうじしてトラップとして使用する。さらに、日本ミツバチに強い誘引力を有するキンリョウヘンの花を用意する。

このようなトラップ一式の準備ができたら、設置場所が重要である。偵察蜂がよく飛来するのは次のようなところである。

①傾斜面で大木や納屋、大石など目立つものがあり、その前には営巣した時に飛翔に適したスペースのある所。

②風当たりが少なく、そして強い光が当たらない所。

このような条件にできるだけ合ったところにトラップを設置する。建物などのフシ穴には偵察蜂は必ず興味をもつので、トラップをカベの内側に置き、フシ穴と巣門とを合わせて置くと偵察蜂に気に入られる確率はぐんと高くなる。このようにして分封を待つが、ふつう桜の花が終わり若葉が芽ぶく頃になると分封が始まる。北東北では桜が散った一〇日〜一カ月後くらいにあたる。

(2) 誘引花「キンリョウヘン」を併置

キンリョウヘンとは金稜辺と書き、中国南部原産の東洋ランの一種である（図2―1）。花外蜜腺はあるが、花びらの中に蜜腺がなく、人には感じられない香りだけで日本ミツバチを引きよせる花である。日本全国で栽培可能で、丈夫で育てやすい。キンリョウヘンは一般の花屋さんでは扱っていな

図2—1　日本ミツバチを誘うキンリョウヘン（金稜辺）

中国南部原産の東洋ランの一種（上右）。つぼみ（上左）と花（下）はナメクジ，ヨトウムシなどが食害するので注意する

い場合が多い。入手するには日本ミツバチの愛好団体がいくつかできているので、問い合わせるとよいだろう。

キンリョウヘンは冬期でも凍りさえしなければ戸外で育てることができるが、高地や寒地では室内に置く。夜間、凍らなくなってから、屋外に出して育てると、不思議とそれぞれの地方の日本ミツバチの分封に合うよう花が咲く。キンリョウヘンの花の匂い

図2―2　キンリョウヘンによる日本ミツバチの誘引

キンリョウヘンに誘われた偵察蜂が丸太の巣穴を見つけて“内検中”（上）。群らがってなかなか入らないこともあるが（下右），通常はきれいにおさまる（下左）

は、日本ミツバチの集合フェロモンと同じ意味の匂いらしい。営巣場所の近くにこの花を置くと、巣から飛んで、もどってくる時に迷いのある蜂は雄蜂であれ女王蜂であれ、集まってくる。巣箱の内検中に飛び出した女王蜂はよくキンリョウヘンの花に集まる。

キンリョウヘンは次のように用いる。

①トラップ（空巣箱）の巣門の近くに花を置く（図2―2）。花は多いほどよいが一つでも来る時はくる。

②蜂が花に付くと花もちがわるくなる。花にネット（面布で代用可）をかけると一鉢で数群の捕獲が可能になる。
③分封群がトラップに入ったら、キンリョウヘンの花に興味を示すことはほとんどなくなるので、翌日には他のトラップのために使用できる。
④捕獲後、群を移動する場合は、キンリョウヘンの近くに持ってゆくと混乱を招くことがあるので、キンリョウヘンの花は他所に移すようにする。

(3) トラップから巣箱に移し替える

分封の数日前から一匹、二匹と偵察蜂が徐々に増えてトラップに出入りするが、それが数十匹以上になる頃、一挙に大群で飛来してくる。分封群がトラップに納まるのは、たいてい午前十一時から午後四時までである。もしも、トラップを仕掛けてないところに偵察蜂が次々に飛来する場合は、そこにまいおりることもあるので、静かに空巣箱をその場に移動し設置する。

移動が必要な捕獲群は夕方飛翔が終了してから移すと取りのこしがない。ただし、トラップに入った分封群を他の巣箱に蜂だけ移すと、逃去されることが多い。定着率をよくするには、他群からの蜂児枠一〜二枚に貯蜜枠などをまじえて夕方から夜にかけて移し替えるのがベストである。

蜂児枠がない場合には、次善策としてそのまま一カ月以上飼育してから希望の巣箱に蜂児とともに移す。蜂群を移し替えするにはサナギの多い群のほうが成功率が高いからである。一カ月以下のつくりたての巣は柔らかいので失敗することが多く、卵や小さい幼虫だけではまだ群の安定度が低く落ち着きが少ないため逃去の心配もある。一般に蜂児の少ない群を巣枠式の巣箱に移す時は他の群から蜂児枠一～二枚を加えるとよい。この方法で可動式巣枠にかえるとハチミツもとれるうえに失敗もほとんどない。

どうしても幼虫や卵の巣枠が調達できない場合で、可動式巣枠の巣箱にすぐ蜂を移す時は、やはり巣枠に巣礎（蜜ろうでつくった巣型のついた平面巣）を張りつけて、巣箱の内部が巣枠で埋まるようにして蜂を移し入れる。巣箱に空間があると、空間に巣づくりをしてしまう場合が多く、後の処理がとても面倒になるので注意する。また、この作業は必ず夕方に行ない、糖液の給餌を数日中に三～四回行なう。なお、巣礎枠だけを入れた巣箱でトラップにすれば簡単と思う人がいるが、もともと空っぽの巣箱のほうを彼らは好む。蜂のにおいのしみついた巣ひ枠なら、まだやり方によってはうまくいくが巣礎枠は蜂にとって邪魔になる。

図2—3　モモの太枝についた分蜂群

巣ひ枠入り巣箱を蜂球に押しつけておくと自然に移動する（右）。飛び去る心配を感じるときは早めにブラシ等（左）で巣箱におさめる

(4) 樹上の分封群は払い落として捕獲

枝などに取りついて休んでいる分封群を見つけたら少しでも早く捕獲しなければ、新しい営巣地を見つけて移動されてしまうことが多い。西洋ミツバチの分封群は小枝につくが、日本ミツバチの分封群は、たいていでこぼこの少ない太い枝のところにつく場合が多い。木についた分封群を捕獲する方法はいくつかあるが、二例あげておく。

①巣箱の利用

予定していた巣箱に毛足の長いブラシを使用して大半の蜂群を払い落とし、すばやくふたをしてその間近な場所に巣箱を置く（図2—3）。これで残りの蜂もきれいに収まる。夕方遅くには予定の場所に移す。なお、蜂群がついた場所が地面からはなれていたら脚立などでささえ、可能な限り集合していた近くに巣箱を置く。

②網カゴの利用

遠い場所での分封捕獲を行なう場合、入れものによっては移動中に蜂自身が発する熱などで蜂が死ぬことがある。安易に分封群をビニール袋や布袋に入れると互いの熱のために一〇～一五分で苦しみながら口より蜜を吐き死亡する。それを防ぐためには特別な網カゴ（分封一時保護網）を使用すると、このような失敗を起こさない。

図2―4　分封群を捕獲する網カゴ
短時間で捕獲が可能。金網（上），面布（中），ビニール袋（下）を組み合わせる

網カゴが二つあるとたいへん便利である（図2―4）。網カゴの材料は直径二五センチくらいの金網のザル一つ、面布一つ、長さ一メートルくらいのビニール袋一つである。金網のザルに面布をつけ、面布の下端には一メートルのビニール袋をぬいつける。分封群は腹に蜜をたっぷりつめ込んで重くなっているので、金網

と面布の接続部は丈夫にする。金網ザルの底に取手用（ぶらさげ用）の針金を付けたら完成である。

網カゴは次の手順で用いる。
①下部のビニールより蜂を入れたらビニールの開口部をひもかワゴムなどでしばる。まだ取り残した蜂が回りを飛んでいる時は、しばらくその場に吊しておいて網の外につくのを待ち、さらにもう一枚網をかぶせる。そして捕獲完了。車で移動する際は車内でもぶらさげて運ぶようにする（寝かせてはいけない）。
②飼育場（養蜂場）に着いたら日陰に夕方まで吊るしておく（水や餌が必要であれば吹き与える）。
③うす暗くなったら予定の巣箱に移す。

2、自然巣からの蜂群捕獲

(1) 巣箱への移し替えは手際よく

ふだんから有害駆除業者とか、村役場や市役所などに日本ミツバチの保護をアピールしておくと、蜂駆除依頼などの情報が入ってくることもある。逃去群や分封群の時もあるが自然営巣群のこともあ

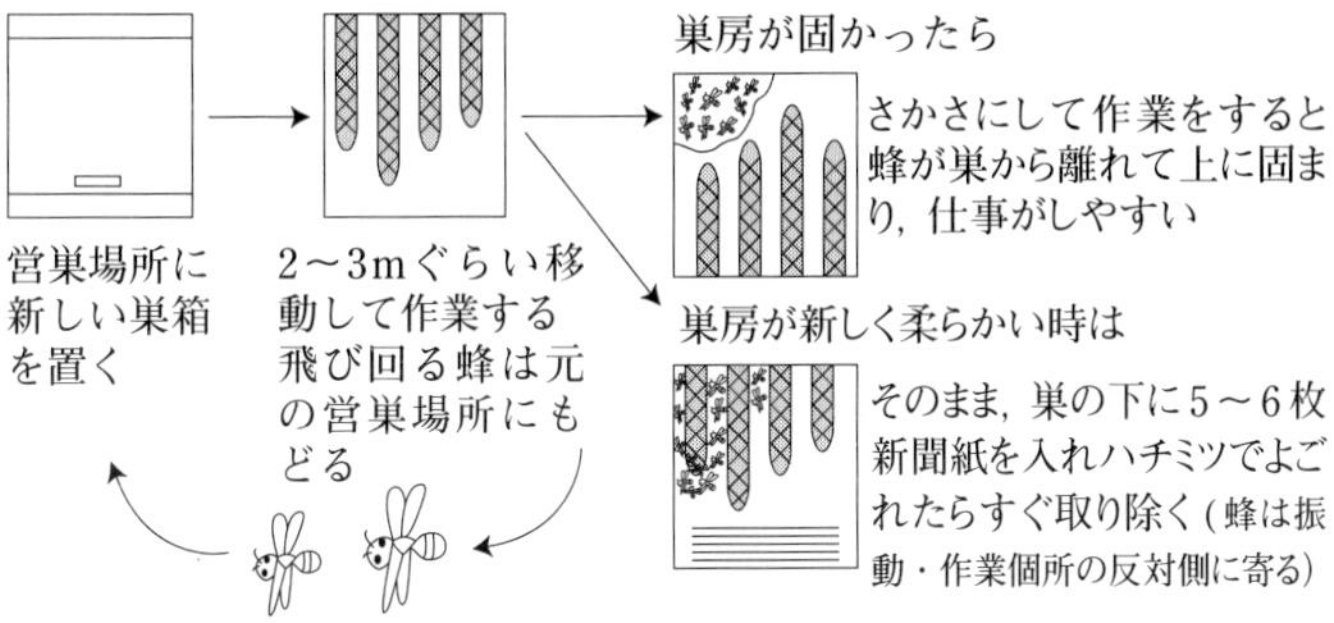
巣房が固かったら
さかさにして作業をすると
蜂が巣から離れて上に固ま
り，仕事がしやすい
営巣場所に
新しい巣箱
を置く
2～3mぐらい移
動して作業する
飛び回る蜂は元
の営巣場所にも
どる
巣房が新しく柔らかい時は
そのまま，巣の下に5～6枚
新聞紙を入れハチミツでよご
れたらすぐ取り除く（蜂は振
動・作業個所の反対側に寄る）

図2―5　自然巣の移し替え作業

る。蜂群を得る好機であるが、飼育用巣箱に移す作業が必要になる（図2―5）。準備する物は、手洗い用の水や巣片の種類を区別して入れるバケツ（ふた付き）、古新聞紙、巣を切る小刀（包丁）、タコ糸（または針金）つまようじ（細い針金でも代用可）、巣箱（巣ひ枠二～三枚入り）、王カゴ（大きい王は未交尾王カゴ）、ハサミなどである。もちろん面布、布きん、ブラシも通常蜂具として持ち歩くこと。

リンゴ箱など移動可能なものに対する営巣で、営巣期間が長くて巣房が丈夫であれば巣をさかさにすると蜂が巣から離れて集合し、仕事がしやすい。巣房が新しく柔らかい時は、少し面倒だが、そのままの向きで処理する。巣の下に五～六枚新聞紙を入れる。

蜂児のいる巣房をできるだけつぶさないように一枚ずつ切りとり、可能な限り針金を張った巣枠に付ける。巣についている蜂は、傷つけぬよう、しかしすばやくブラシで新しい巣箱に払い込む。新聞紙はハチミツでよごれたらすぐ取り除き、手もこまめに洗いながら作業を進める。あまり時間をかけると蜂が四方に散らばって回収がむずかしくなったり、ストレスがかかりすぎると移植後の蜂の伸び（群の成長）がにぶくなり再び逃去しやすくなる。

女王蜂を見つけたら必ず王カゴ（未交尾王カゴ）に入れておき、働き蜂を全部移し終えたら女王蜂を王カゴから放す。その時産卵している女王は、大きいほうの羽を一方だけよく切れるハサミで半分切り落とすほうがよい。できれば背中に修正液で印もつける。女王蜂は必ず見つけられるというものではない。しかし、あまり心配しなくても夕方近くまで巣門をあけておけば、たいてい女王蜂も回収できている。

最後に給餌器を使用して、砂糖水を与えておく（重量比で砂糖と水を一対一、寒い時は四〇℃ぐらいで）。ハチミツでもよいが近くに他の蜂群がいると匂いにつられて盗蜂が起き、逃去の一大原因となるので砂糖を極力使用する。外から蜜が入らない時期は、しばらく給餌を続け充分な貯蜜巣のある群にする。

なお、女王蜂が産卵しているかどうか捕獲数日後必ず確認する。女王蜂に事故があれば変成王台が巣房の下面にできていることが多い。変成王台とは、本来働き蜂になる幼虫の若いもの（産卵ふ化後三日以内）を急ぎ女王蜂に育て変えるための王台である。

(2) 晩秋は巣ひ枠への移し替えが容易

意外かもしれないが、晩秋は自然巣をつくっている蜂群を巣枠式の巣箱に入れ替えするのが最もらくにできる時でもある（図２―６）。この時期はほとんど蜂児がいないからである。逃去の意欲も蜂に起きない。蜂の移し替えは、西洋ミツバチの充分な貯蜜枠三～四枚を巣箱に入れ天気のよい日に行

図2―6　自然巣から巣枠への移し替え

上；台の上に新聞紙をしき，切り取った巣をのせる。貯蜜部を除き，蜂児圏の巣房を巣枠に合わせるように切り取る。中；針金をきつくはった巣枠に巣をはめこむ。針金やタコ糸でしばり，たるまないように固定する。つまようじをささえのために刺し込む。下；蜂児枠を単箱に入れ、蜂を移す。貯蜜がないので給飼器で砂糖水を与えておく

なう。一晩部屋で貯蜜を暖めてから行なうとさらによい。

この方法のよい点は、寒い時期は、入れ替えた巣箱をきらって逃去することが少なく、高価な日本ミツバチの蜜を全部採蜜できることである。移し替えにあたっては次の点に注意する。

①蜂は反対側をコンコン軽くたたき、いやがらせして歩かせて移動させる。蜂は暗い上部を好むので上隅に追い上げると作業がらくになる。

②若蜂は来春の働き手となるので一匹も殺さぬ思いで作業する。しかし、多少は死ぬ。あまりおくびょうになって作業が遅れないようにする。

③巣房を切り取る時のこぼれ蜜は古新聞等で受け、すぐ新しい紙に替える。蜂に蜜が付くと動くことができなくなり、手もベトベトして作業もはかどらなくなる。

④温度の低い時期の移し替えは時に蜂が寒さのため、巣箱の底に多数落ちたままのことがある。その時は虫カゴ等に入れ室内にいったん置いて暖め、蜂が元気になったら、新しい箱に移す。暖かい日は問題ないが、手がこごえるような時はすみやかに作業を中止する。

(3) 難所では道具を駆使して蜂群捕獲

難しい蜂退治の要請がくることがある。屋根うらとか墓所ならまだ比較的簡単に捕獲できるが、電信柱とか壁の中などは手が入らないので捕獲をあきらめている人が多い。ふつうは巣門を閉鎖したり、殺虫剤を入れたりして「退治」となる。どうしても巣を撤去しなくてはいけない事情であればいやもおうもない。

しかし、あきらめるのはまだ早い。急ぎの場合、中の幼虫やサナギは助けられないが、成虫だけでも助けよう。蜂群の再生力はとても強い。もともと日本ミツバチは逃去しやすい蜂であることを思い出してほしい。いろいろないやがらせをすれば、たいてい巣を放棄して出てくるものである。この性質を逆手に取るのだ。用意するものは次のとおり。

ドライヤー、蚊よけスプレー、王カゴ、ハッカの純粋オイル、くんえん器、面布、ゴム手袋、新聞紙、蜜ろう（蜂の巣がら）、松ぼっくり、網カゴ、網袋、昆虫採集網、つりざお、手カガミ、懐中電灯、ビニールホース、移動用小巣箱（六枚用）、蜜巣枠二枚ぐらい、くぎ・（布）ガムテープ、粘土、水でっぽう、小型の掃除機、一斗缶（ふたがはずれるもので中に丈夫なそえ木をしたもの）、きれにくいヒモか細縄。ざっとこれぐらいあるとたいへん便利である。

①面布、ゴム手袋

ふだんはとてもおとなしい蜂ではあるがこういう時は作業が手荒になりがちなので面布は必ず着用する。ゴム手袋も、あったほうがよい。ふだん、二〜三匹ではあまりはれがめだたない人でも二〇〜

五〇刺されると、さすがに一週間ぐらいグローブのようになることもある。民間療法ではヨモギを塗ると痛み、かゆみ、はれが少なくなるといわれている。

②ドライヤー

巣の形成されている場所が、比較的狭い閉鎖空間で他へ熱のもれが少ないときに力を発揮する。日本ミツバチは室内が三四℃前後以上になると、巣門の外に出ざるを得なくなる。室内を徐々に暑くしていけば、山火事が近くまでせまっているとか、夏の直射日光が強すぎて、室温を自分の羽の力だけでは調整できなくて、他所に逃去する、といった本能を利用する。事情が許せばボイラーを使用すればもっと効果はよいと思われる。ただし、本当の火事にならないよう注意する。

③ハッカの純粋オイル

何度ためしても効果は絶大である。墓所のようなところでは、ハッカのオイルを蜂や蜂の巣にはふれないように巣底にそそぐ。棒にわたなどまいてオイルをつけ、入口からできるだけ深まったところにさしこんでもよい。蜂たちをこの強烈なにおいで入口方向に非常脱出させるわけだ。ただし、油なので、多数の蜂にふれた時、自らがにおいの発信源になって他の蜂の安定度を悪くしたり、ケンカしあうこともあるので慎重にして、使い過ぎぬようにする。

④蚊よけスプレー

必ず薬屋で売っている。これも、蜂には直接かけず、軽く巣の向こう側にねらいをつけて噴射する。ただし寒い時期は、においに鈍感になるのか、単に活動性が低いのか、はたまた、油やスプレーの揮発力が弱いためか、効き目が低く、失敗したり、多くの蜂を残す結果になることもある。むし暑いぐらいの時に行なうのが一番である。真っ昼間がよく、夕方遅いと街路灯や近くの民家の電気の光にさそわれ、家人に迷惑をかけるのでよくない。前述したドライヤーやボイラーが利用可能な場所であれば、蜂に対し、夏同様の状態を設定できるのでかなりの期間に有効に使用できる。また、分封期であれば、もともと巣分かれの気運をもっているので一番簡単に巣内から出る。一度出た蜂たちは巣の入口までもどってくるが、これら忌避剤が効いていると巣の中には容易には入り込めない。

図2—7　トタン製くんえん器
筒（左）に松ぼっくりや蜜ろうを入れて火をつけ，ふいご（右）でふきかける

⑤くんえん器

蜜ろう（巣がら）や松ぼっくりを新聞紙とともに燃やす（図2—7）。くすぶって、よく煙が出るので、一度、巣の奥にひきこもった蜂がいても、くるしがって明りを求めて出てくる。西洋ミツバチではくんえん

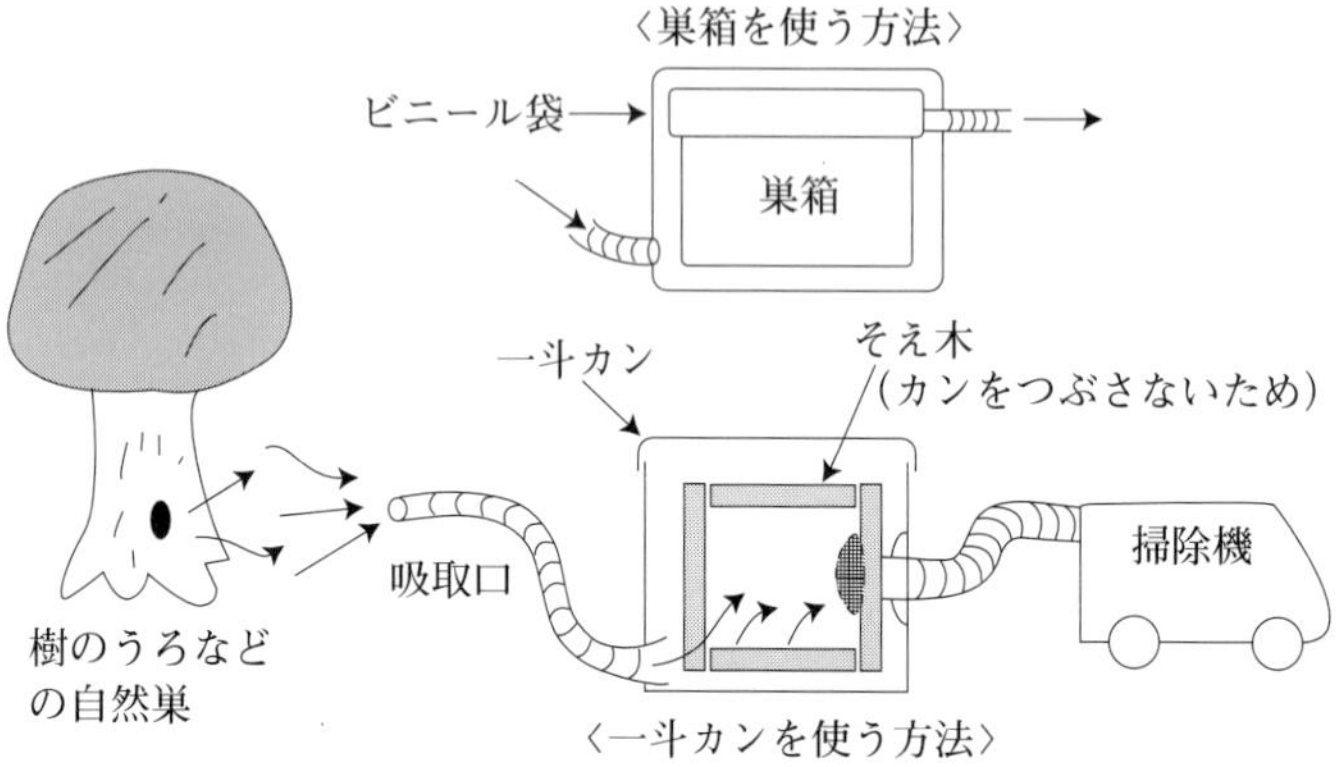

図2―8　ホースと小型掃除機を使った蜂群捕獲機

によって静かになるが、日本ミツバチはこれを非常に嫌がる。火が巣内にまで及んだと思うのかもしれない。蜜ろうはよくくすぶるので効果が高い。分封一時保護カゴは、木などに蜂球ができた時に有効だが、自然巣の巣門をうまく、このアミの入口につなげてから、前述の追い出し作業をすると、早い時間に大量の蜂を捕獲できるし、女王蜂もつかまえやすい。粘土などで入口のでこぼこをなくすと作業が簡単である。

⑥水でっぽう

奇抜ではあるが、使い道はあり、ごく高い所や、とりにくい所にできてしまった蜂球を一旦こわして蜂を散らし、われわれの都合のよい所に誘導するためには重宝である。

⑦ホース

ホースは多目的である。二～三メートルの長さで口径三センチ～五センチのビニールホースを用いる。くんえん器の煙を巣の奥まで届かせる。また、ちょっと工夫が必要であるが、小型掃除機と連動し、さらに一斗缶をつなげた迅速な蜂群吸取り器もできる（図2―8）。これは便利で、実際に友人も使用している。これを応用すれば生きたスズメバチをもほとんど危険なく捕獲回収することもできる。

(4) 難所捕獲では女王蜂の動きに注意

作業中は蜂蛆枠、貯蜜枠を入れた巣箱を間近に設置して、働き蜂をある程度誘導すると、女王蜂もうまく入ることがある。これらの作業中は、注意していると女王蜂をみかけることがよくあるものだ。そんな時は是が非でも捕えて王カゴに入れ、その群の蜜を少し与えて巣箱の中に入れておくか、分封一時保護網の上のほうに取りつけると蜂の回収時間が短縮できる。

ほとんどの蜂が出たところをみはからって、新聞紙や粘土で、元巣の入口を仮に閉じると作業がはかどる。いずれ近くの木の枝などに蜂球をつくるが、この巣箱に入り込んだ後は分封群、逃去群の扱いと同様にする。

また、日本ミツバチのやっかいな性質として、小さい暗い隙間に入り込もうとすることである。巣箱に分封群をふり込んで全部回収できたと思って、いざ車に持ち込もうとした時、巣箱の底の外側にかなりの蜂がたまっていたりする。女王蜂もそこにひそんでいたために逃げ出すことがある。すると、回収作業そのものが水のあわになるので注意する。そうならないよう隙間はつめ物をあてておく。

なお、日数に余裕があれば、作業は二日に分けたほうがより多くの蜂たちを失敗なく回収できる。時間が許せばぜひ行なってほしい。巣のある空間が複雑であったり奥ぶかい所、また、神社の壁や床下のように蜂がちらばりやすく、薬もききにくい所では、一日目は蜂の巣を一つ残して後はすべて回収し、こぼれた蜜もきれいにそうじする（水やバケツ、ふきんが必要）。すると二日目は、朝早く行ってみると、晴れてさえいれば、必ずのこした巣に蜂がもどってきている。この方法で前日にちりじりばらばらに飛び出した蜂群も回収できる。ただし、くもりや雨の日は昼近くにずれ込むこともある。

この応用編としては、巣を全部回収して、蜂蛆枠と貯蜜枠を入れた巣箱を元巣の巣門に横づけし、設置する。できる範囲で蜂を中にふり込んでおく。すると回収できなかった蜂たちも翌日の朝、空中を乱舞した後、たいてい巣箱に収まる。早朝かその夕方遅く、群れが巣箱におさまっていることをそっと確かめ、巣門を閉じて持ち帰る。

3、巣箱の種類と特徴

蜂を飼育するには巣箱が必要になるが、伝統的丸太飼いから最近使われている可動式巣枠巣箱など、

図2—9　丸太の巣箱
丸太を帯のこでひきわり，中身を四角にくりぬいて再び組み合わせたもの

図2—10　二重箱式巣箱
自然営巣した箱をそのまま使う。巣箱と外箱との間にモミガラを入れると防寒になる

人それぞれに環境や目的や都合により使い分けされている。しかし、どんな巣箱にも、よい点や不便な点がある。よく使われているいくつかの巣箱を紹介しよう。

(1) 古式から新式まで——巣箱の特徴

①丸太の巣箱

丸太飼いは、ミツバチにとって最も自然な状態であるのか、好まれる(図2—9)。ただし、材料の仕入れがむずかしく、重いので移動・点検もたいへんである。また、採蜜時などに巣房の落下が起こりやすいの

図2—11　重箱式巣箱

自然巣をつくらせる。二段のもの（右）は上段が貯蜜室になる。下段との境にタコ糸，もしくは針金を入れて巣房をひっぱり切断すると，らくに採蜜できる。コンパクトで使いやすい巣箱である（520×230×230mm）。6段に継ぎ箱されたもの（左）は，2〜3年に一度採蜜する。年数を経たハチミツは身体によいという

で、その防止のため貯蜜圏と蜂児圏の境界に棒を横十文字につけるか、細い空間をつくる。

②二重箱式巣箱

そのままでは巣箱として使えない空箱（リンゴ箱）などに営巣している群をそのまま飼育し続けるためのものである（図2—10）。ひと回り大きい箱をつくり、その中にもとの営巣箱を組み入れる方法である。この方法は、蜂群を騒がすことなく新しい巣箱に移すため、逃去される心配が少ない。二重箱のため、内箱と外箱の間にワラ等を入れると比較的簡単に防寒になる。ただし、スムシが発生しやすいのでよく掃除しなくてはならない。

営巣箱を入れる時、一五ミリの厚さの板を両はしに置いてその上にのせる。これは蜂の通路になる。

③重箱（継箱）式巣箱

この巣箱は二三〇×二三〇×一五〇ミリ（内寸法）の小刻みな枠板を三つつくり、それにふたと底板をつけて一般には小型な三段一群用としたもので、強群時は四段、五段と自由にできる（図2―11）。この巣箱は、採蜜のための巣箱で、蜂児をそのままの状態で、貯蜜部のみ素早く採取できるので逃去の原因をつくらない。蜂児が多いほど逃去の危険が少なくなる。使い方の要点は次のとおり。

①最上段の巣箱はうす板三枚を蜂が通るくらいの隙間をあけてならべ、ふたをする。そうすると採蜜がらくにできる。また、中板とふたの間に蜂が入れるのでスムシの発生をおさえる。

②貯蜜部を切り取った時起こる蜂児巣房の落下防止棒（横十文字）を一段ごとに付ける。

③重ね口に、ズレ止めと隙間かくし兼用の板枠（はかまと呼ぶ）をつくる。またはとりあえず、布テープでまいてもよい。

④給餌が必要な時はふたを取り、もう一段のせ、中に巣門給餌器を入れふたをする。したがって巣箱の上段が給餌室となる（最下段に人工巣を配した底面給餌器もよい）。

④可動式巣枠巣箱

手づくりの巣箱や、市販の西洋ミツバチ用巣箱をそのまま転用し、中に巣枠を入れて飼育する（図

図2—12　巣枠式巣箱

丸太を正確に四角にくりぬいたもの。庭に置いても違和感がない

2—12）。

この方法は横型のため底の部分が広く、巣クズがたまりやすい。掃除をしやすくするには、底が取れるほうが好ましいので、継箱にふたと底板を付けて巣箱とする方法もよい。または巣箱の一段目は枠を入れず空部屋のままにして、継箱のほうに可動式の巣枠飼いをして、継箱と巣箱の間に一・五〜三センチ角の穴の金網を張りめぐらす。こうすると扱いにくい余分な自然巣も枠下にできない。巣箱に貯まった巣くずなどは、時々他の巣箱と交換したうえでしっかり掃除する。

巣枠は西洋ミツバチ用でも充分間に合わせることができる（図2—13）。これに巣礎を張り、蜂にあずける。巣礎とは蜂の巣から取ったろうをうす板にして、巣房（六角形）の型を付けたものである。東北では蜂の体の大きいものが多いせいか、繁殖期以外では西洋ミツバチ用の巣礎や西洋ミツバチが完成させた空巣も日本ミツバチにほとんど違和感を持たれずすぐに利用することができる。繁殖期に使用すると一時多量の雄蜂が生まれることがあるが、分封期が終わるとそれはすぐおさまる。もし、小さめの蜂の場合は巣礎の上部三分の一を張る方法でなじませてからがよい（前にも述べたが巣礎に継ぎたされた自然巣部分の巣房も大きさ〈口径〉はいっしょである）。

図2―13　横型巣枠（237×445）西洋ミツバチ用につくられた市販品（ラングストロース式ともいう）

特長は一般に使用されているから安価に入手できる。重心の低い巣箱にできるから使いよい。難点は分封群など小群の場合，蜂球を自然に近い形にできず蜂児の増えがよくないことである。また，受け付けの悪い小型タイプの日本蜂群も時としている

現在、日本ミツバチ用の巣礎と称して販売されているものは、実は一回り体の小さい中国産の東洋ミツバチ用のものなので、生まれる蜂の体型が小型化しやすくなる問題がある。小型化すると採蜜量の低下、西洋ミツバチとのケンカに負ける、飛距離が短くなる、現在、世間一般に普及度の高い、西洋ミツバチの器具がつかいにくくなる、といった問題が生じる。

(2)　「縦型」巣枠式巣箱のつくり方

日本ミツバチ用縦型巣箱は西洋ミツバチ用の

縦型巣枠（465×243mm）

巣幅がせまいため蜂数の少ない日本ミツバチでも蜂球が形よくでき，造巣も早い。どの巣枠にも貯蜜されるので一度に採蜜すると逃去の原因をつくる。日を替えて2回に分けて作業をする必要がある

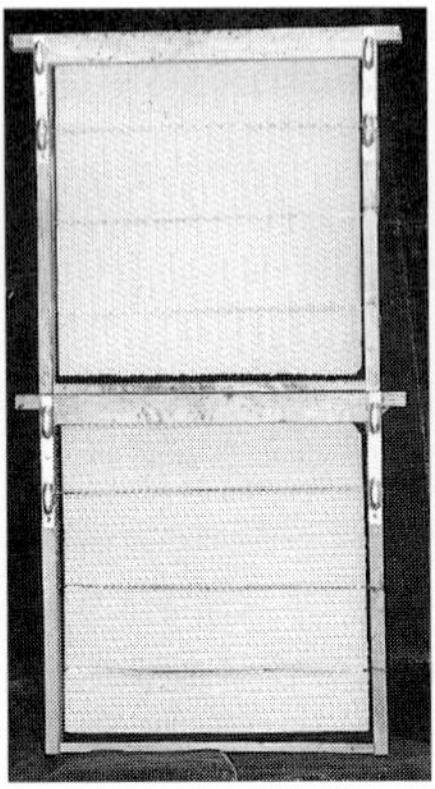

2段重ね継ぎ箱巣枠（235×230×2枚）

上部が貯蜜室になり採蜜用巣箱として便利。巣枠が小型で扱いよい。

一部であるが上下の巣枠を造巣でつなぐ性質の群があるため内検時手数がかかることがある。また逆に上枠と下枠に隙間があり過ぎると時として貯蜜圏と蜂児圏が上下枠それぞれにできることがある

改良型縦型巣枠（520×273）

縦型巣枠に貯蜜部の取りはずしが可能。

採蜜時蜂児圏はそのままのため採蜜後の落ち付きが早い。

上部と下部が一体になっているため蜂の移動が良好である。

継箱でないため内検が早くできる。ただし貯蜜枠を取りやすく製作してあるため転地用巣箱には不向きである

図2―14　「縦型」巣枠式巣箱の比較

巣枠を縦に巣箱に入るように改良したものである（図2―14）。そのため市販の遠心分離器や巣礎も使える。この巣枠と巣箱のつくり方を紹介する。

①材料とつくり方

①巣箱の材料は軽くてヨレ、ソリの少ないものがよい（杉材など）。

②巣枠用には、細木で使用するため釘を打っても割れない物（スプルス材など）を用いる。

③使用する材料は木材店で厚さをきめてもらうと、作業がらくになる。

④巣箱の材料は杉一八ミリ厚、スプルス一二ミリ厚。巣箱外寸法は五九二×三〇〇×三八六×一八ミリ。

⑤巣枠は四六五×二四三×二二×一四ミリを一〇枚。巣枠の四隅に市販の自距金具を付ける。（二分の一に切っても使える）。

⑥給餌器は、巣枠にベニヤを張る。二段給餌にする。

②作製のポイント

①日本ミツバチを見ていると、四五五×二四三ミリの巣枠で六～七枚の群が多いようなので、八枚用巣箱の製作がおすすめである（五九二×三〇〇×三四〇×一八ミリ）。

②早春より秋遅くまで何かしらの花蜜が続いて入る所では、強群となりやすいため、一〇枚巣箱が

ほしくなる。巣門の大きさは八〇×一二ミリくらいでよいが、一〇枚満群時も考えて上部に巣門をもう一つつくり、ふだんは塞いでおく方法もある。

③組立は長い鉄釘またはビスを使う。釘のほうが保持力がよい。巣礎を付ける時の針金は細いものがよい。

④巣枠組立の時は、角度とヨレに気を付ける（図2—15）。巣枠を積み重ねて、ガタガタするようであると自距金具の意味がなくなる。

(3) 巣門の大きさと位置にも注意

ミツバチの巣箱を製作するにあたり、巣門の大きさがどのくらい必要かも考えどころである。越冬中の巣箱では、真冬日をしょっちゅう経験する地域では三〇×一五ミリくらいでよいが、夏は蜂数も多く巣箱内部の温度も上がるので一〇〇×一五ミリくらいあけることで一般的蜂群に対応できると思う。ミツバチは巣箱内の温度を巣門の送風行動や近くで吸ってきた水分を蒸発させることにより温度を一定にすることができるので、あまり大きめにする必要はないと思う。

しかし、巣門給餌器を使用したい場合は巣門を広くする。また大スズメバチがよく飛来する地域では大スズメバチがミツバチの巣箱に侵入するのを防ぐため、入口の高さを低くする必要も生じる。一

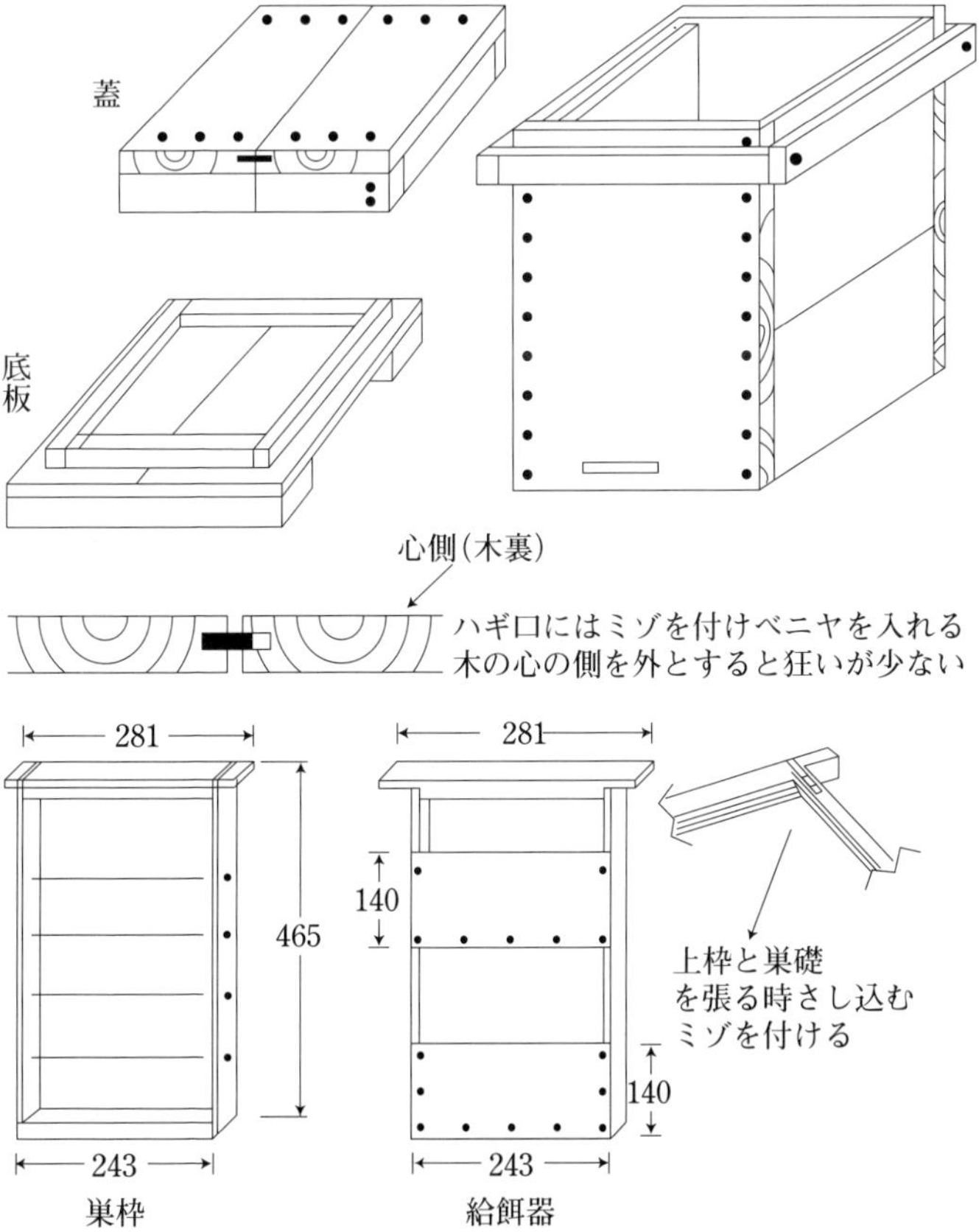

図2−15　縦型巣枠式巣箱のつくり方

般のトタン製巣門給餌器は九×一一五ミリの差入み寸法の物が市販されているので、一五〇×一〇ミリくらいの巣門にすると給餌器を使いながら大スズメバチの侵入も防げるよさがある。

西洋ミツバチなどによる盗蜂が発生した時などは、緊急的に入口を狭くして、ガードする必要が生じる。すると、働き蜂は入口の拡張をしようと巣門に蜂が集まり、出入りの蜂とで巣門がさらに塞がり、巣箱内の温度が急上昇する。あらかじめ巣箱の裏側に金網付の小窓を付けてあると、必要に応じて温度を下げることができたいへん便利である。また、窓がないときはふたと同寸法のスノコに金網を張りつけ、ふた代わりに使用するのもよい。

巣門の位置はどこがよいかとは一概にいえない。巣門を縦長にした巣箱や上部に付けた巣箱などがある。蜂本意に考えると歩くのがエネルギーのロスになるから、大きい巣箱ほど上にするべきだと思う。しかし冬の期間蜂球をつくる位置は巣箱の下方が多いので、下部に入口を付けるほうが蜂球に早くつくことになる。

前面下部を横から見て45°に削ると発着台になり、蜂がらくに通る。

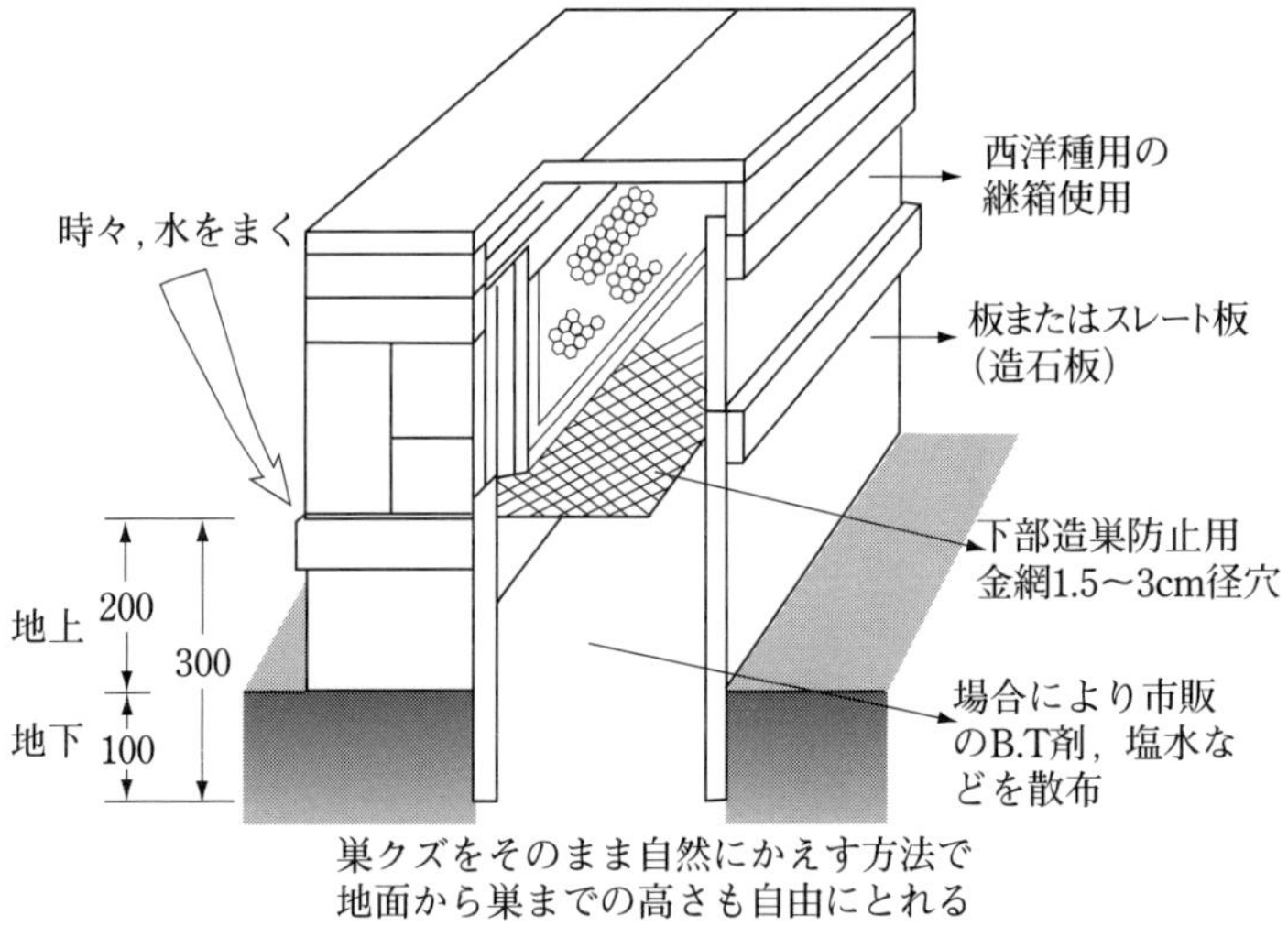

巣クズをそのまま自然にかえす方法で
地面から巣までの高さも自由にとれる

図2―16　底板のない巣箱

4、西洋ミツバチ用巣箱の活用

(1) 継箱型の木枠を土に押し込む

このアイディアの巣箱は管理が非常に簡単でスムシの害もほとんどない。その上、購入するとしても一般市販される西洋ミツバチの巣箱（底つきのもの）より安い。生態系を利用した巣箱でもある（図2―16）。

用意するものは、高さ二〇～三〇センチ程度、厚さ一・二～一・五センチの板を使った継箱形の木枠である。それにくさり止めのために、土のつく部分をたき火などで少し焼きを入れる。

図2—17　自距金具の調整
体型が小さめの蜂の場合は，巣枠の間がひろすぎるので，自距金具をつぶして調整する

設置場所はあらかじめ、箱の内側にあたる土を一五〜二〇センチほど掘りさげておく。設置は木枠を水平にしたまま、できれば一〇〜一五センチくらい土の中に押し込む。そして、その上に継箱をかさね、継箱と一段目の箱の間に「下部造巣防止用金網」一・五〜三センチ穴をはさみ、接合面を紙ねんどか赤土を水にぬらしてすきまをうめると害虫が侵入しにくい。

　大群の場合は、一〇枚用継箱、小群の場合は六枚用継箱にするとよい。多少の差は分割板で巣箱内の空間を調整する。せまい日本ではあるが、地域や状況によって大きめの体型の蜂と小さめの体型の日本ミツバチが存在する。大きめの蜂の場合は自距金具はそのままにし、小さい場合は金具のとび出し部分を金づちでつぶす（図2—17）。

　蜂の巣門は縦にきり込み状にする。自然木の木の洞の巣門はほとんど縦である。巣門はできれば巣箱前面を南向きとして、できるかぎり端っこの位置に、八ミリぐらいの幅で長さ一五〜二〇センチの大きさにする。

(2) 土と水の力でスムシを防ぐ

この巣箱の最大の特色は底板がないことである。土にはバクテリアやカビ等が多く、スムシの卵や餌となる巣くずがすぐ土にかえる。また、土によって室温が上がらないので、蜂の体温を受けて増えやすいスムシが卵のまま終わる。またスムシのきらいな線虫もいる。つまり、スムシの発生が非常に少ない（図2—18）。日本ミツバチで墓穴や木の洞に住むものには長年スムシの害がない群が多かったことが大きなヒントになった。

図2—18　スムシ（ハチノスツヅリガ）の食害

食害を受けた巣（右）。白い糸状のところにいて食害する（左）

また、私がこの方法に将来性を感じるのは、西洋ミツバチ用の道具や継箱を最大限に利用できるからである。自分で日本ミツバチ用の巣箱や巣枠をつくれるのはほんの一部の人にすぎない。西洋ミツバチ用の道具に多少工夫することで在来種養蜂が可能になるなら、普及にプラスと思ったからである。

そもそも、スムシは蜂の体温を利用する以外には、夏の二五℃以上の室内でないと大発生しないようである。時々、箱の中の土に水をまいてあげるのもよいだろう。これは去年からはじめたばかりだが、手ごたえ充分である。いわば巣箱内に小さな生態系をつくるのである。

地面の固いところでは近くの土をもってくる。うねたてのように木枠のまわりを侵入者の入らないように数センチ盛土する。中にも少しそそぎ込むとよい。蜂が増えたら、もう一つ継箱を重ねて、同様に作業して飼う。ただし、上下のすきまが広すぎるのでハカマの木を一度はずしてから重ねる。

(3) 巣礎には蜂ろう、巣ひ枠は斜めに

巣ひ枠は西洋ミツバチの巣礎からつくった、数度、サナギが出房したものをつかうとよい。ただしナフタリンで完全消毒したものを使用しないと、おそからず、スムシが発生する。

なお、雄蜂の繁殖期だけは、この巣ひでは、雄が一時的に発生しやすくなる地域もあるので、その時は巣ひを用いず、西洋ミツバチの巣礎を上段側、三分の一だけ張って、あとは針金だけ二〜三段つけておくのがよい。ただし、この針金には、あらかじめ、日本ミツバチの蜂ろうを、指でねんいりに、

こすりつけておくのがコツである（図2—19）。これをしておかないと、邪魔にされて、巣がよじれたり、接面がへこんだりしてきれいに完成しないこともある。また、その部分は産卵されにくい。

最初は蜂体がまだ小さいので、自距金具をそのまま残したものは、やはり巣枠の幅がひろすぎる。そこで、可能なかぎり斜めに巣枠を配置することで幅を調節する（図2—20）。自距金具のでっぱり同士があたらなくなり、約半分の高さ（厚さ）になる角度がある。もし、その角度で巣枠のミミがひっかからず、ずりおちるのであれば、薄い添え木をつけ加えることで解決する。自然巣はかなりの確率で巣の入口に対し斜めをむいている。斜め置きの巣枠は少しでも安心感をあたえているのではないかと考えている。私が見る限り、何となく群に落ちつきが出ているように見えるからだ。

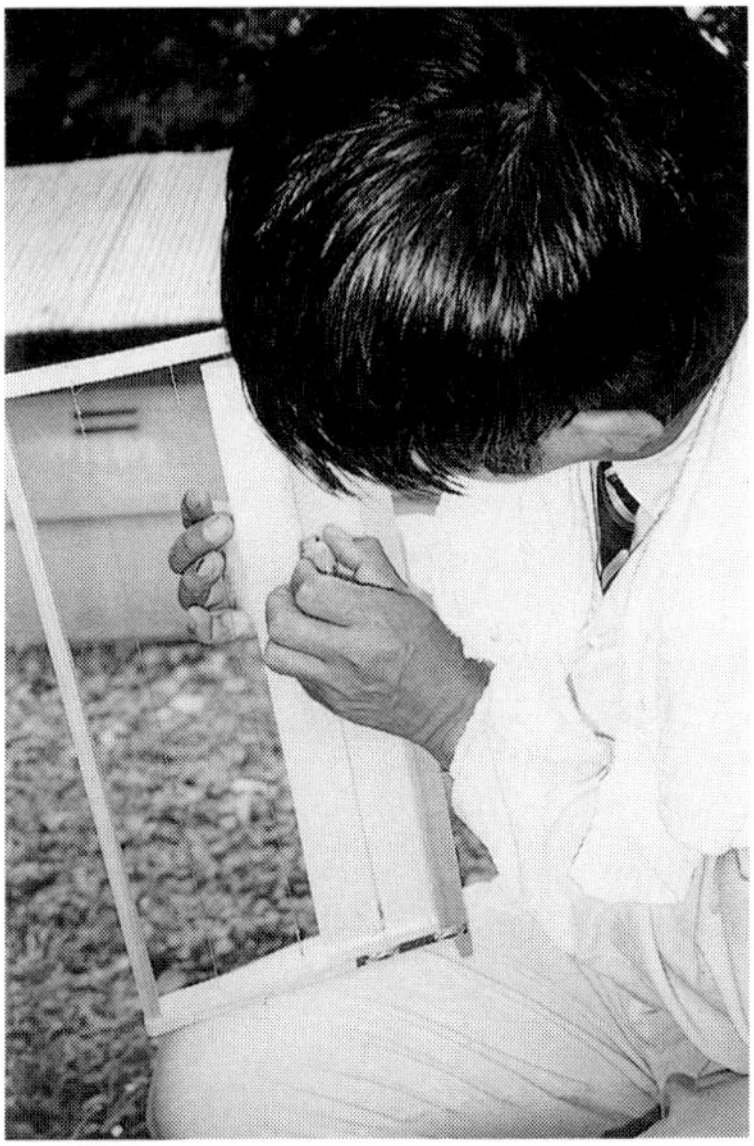

図2—19　針金に蜂ろうをぬるようす
針金を邪魔にせず，巣がよじれたり，へこんだりしなくなる

巣枠の上には、蜂が一匹通れるすきまをつくるためにそえ木をして、ベニヤ板のうすものをふせて

おく。こうしておくと、多少のスムシは、おいやられたすえ、この板の上下で休んでいるので、捕まえやすい（図2—21）。後はふつうにふたをして、麻袋をかぶせ、できればその上に、ふた大の発泡スチロール板（三〜五センチぐらいの厚み）をのせる。さらにその上にふたより一まわり大きい雨

図2—20　斜めに入れられた巣枠
巣枠の幅を狭くすることができる。また，自然巣に近い巣の向きになる

図2—21　板の上のスムシ
巣の中では意外とすばしっこい。巣枠の上に板をふせておくとここで休んでいるので捕まえやすい

よけのトタン板をのせ、それが風で飛ばされぬように、針金を巣箱とともに固定しておく。石とかブロックでもよいが台風の時などはこれではとばされる。

給餌を数度行なうか、西洋ミツバチの蜜枠を二枚程度加えて入れておくと、群の成長は早くなる。

図2—22　人工巣（横型巣枠）
丈夫で堅く，軽い材質なので，蜂にかじられることなく，また採蜜も容易になる

(4) 丈夫な人工巣の利用も有望

可動式巣枠の巣箱で日本ミツバチを飼育する時、巣礎をかじられたりして思わぬ失敗をすることがある。また、日本ミツバチにつくらせた巣は構造が弱いため、分離器にかけるとあやまって巣を壊すことがある。そこで、人工巣使用を試みている。ここでは日本ミツバチで使用する場合の方法と注意点を挙げてみたい（図2—22）。

①軽くて丈夫

私が開発した人工巣は、素材はデュポン社、昭和飛行機（株）と協力し、熱湯に入れても変化のないアラミドファイバーペーパーを使用している。軽くて強く、日本ミツバチはかじることもできなければ、分離器で壊れることもない。巣礎を数枚一度に並べて使用すると勝手に巣房を曲げてつくることもある。そうなると立体のパズルのようになり個々の巣ひ枠のぬき上げができなくなる。これを防止するためには巣礎枠（または完成巣）の間に人工巣をはさみ込んで巣づくりをさせればまっすぐになる。いわゆる定規役なのである。

②スムシに強い

スムシの食害も早期であれば最小限に留めることができる。かなり堅い素材なのでスムシはたいてい人工巣ひ部分を避けて、その上に、少しもりあげられた、蜂自身のもりつけた巣のせまい部分だけを移動して食害する。

食跡が見やすいので、簡単にピンセットやつまようじでつかまえて処分できる。ただし、巣箱外に長期間取り出して保管する場合は、ふつうの巣ひ枠はもとより、人工巣ひ枠であっても消毒なしでは期間の差こそあれ最終的にスムシに食害されてしまうので注意は必要である。

③王台の移植

従来法より容易になる。ローヤルゼリー生産や女王生産の作業も大きく改善する。不器用な人、かなり目や指先の不自由な人でも、幼虫を傷つけることなく人工王台に移植できる。大量のローヤルゼリーをあまり苦労せず生産したり、女王蜂の確保も容易になるのだ（特許実用新案許可済）。

④長距離輸送

巣箱に入った日本ミツバチの群を長距離移動したり、トラック便で配送するのは、とてもむずかしいか、または、絶対無理といわれてきた。温度と湿度が異常に高くなり巣そのものがとけてしまい蜂群も全滅する。蜂のつくる巣は、融点の低いろうからできている。しかも日本ミツバチは巣房にプロポリスという補強剤も含まれない。自然巣のままでは移動に不向きなのである。日本ミツバチの巣は私の経験からいえば温度が低すぎても高すぎても極端にもろくなると感じている。

しかしこの人工巣を巣箱内に固定しさらに温度管理にさえ気を付けるだけで、後は蜂群をふり込み、全国、いや理論的には世界中に発送することも可能になる。他に西洋ミツバチがつくって、しばらく生活し何度か脱皮した黒ずんだ巣に住まわせれば、これも比較的、全国に配送することは簡単に行なえる。

⑤巣の観察

各種研究用にも対応できるようになっている。巣房の壁と底面が剥離できる構造なので、底面を簡単にはがし、卵・幼虫、そしてサナギの下からの観察も容易にできる。ある海外の研究者がダニの観察に使えるということで利用した実績もある。また、巣房壁や底面そのものがカッターで切断可能なので、二重底にすれば一枚の巣枠の中で必要な部分だけをカットし、研究室等に持ち込むことができる。終了後は、パズルのようにもとのところにはめなおせば、後は働き蜂が簡単に修復する。

⑥給餌

巣ひ（完成巣のこと）としてだけではなく、給餌をする時の足場としても、きわめて有効だ。人工巣を、給餌器の内側よりやや小さめに、カッターで切断し両端に浮きとなるものを取り付け、糖液給餌の水面にそっと浮かせる。すると今までは何も浮かせずに与えると、しばしばおぼれ死ぬ蜂たちも、ほとんど被害がなくなる。そのうえ、採餌速度が飛躍的に高まった。

(5) 人工巣を使用するうえでのポイント

ほんの少し蜜ろうをこの上に被まくすることで、蜂は自分たちの巣として受け入れる。蜂は違和感があると絶対受け入れないが、この巣を利用してしっかりと生活を始めるし、貯蜜も順調に行なわれる。興味深いのは、時季的に、雄蜂の繁殖期さえさける条件で産卵させると、西洋ミツバチ、日本ミツバチの両種とも同じ大きさの穴でありながらしっかり働き蜂幼虫の育児をできることである。

人工巣は巣穴が少々大きめなので、蜂群によっては一時的雄蜂ばかり生産してしまうことがある。これは放っておいても直るし、分封期を終えた群に使用すれば問題ない。また、目では見えなくともほとんど必ず、ハチノスツヅリガの卵か幼虫がいることを認識し、日本ミツバチに使用する前に充分消毒してから使用する。また、雄蜂の巣が多い古巣ひ枠はかじり出すので使用しない。

底面給餌法として用いる場合は、巣箱の底にほぼ合う大きさのうす広い皿状の給餌器に、内寸の合う人工巣を組み込んだり、浮かせる。三～四倍の早さで給餌を終えることができる。もともと蜂の巣の形と口径が蜂の生理（活動）に合うからかもしれない。確率的に、盗蜂が起きにくいことは明白であり、全巣ひ枠に対して接岸できるので合理的である。まだ西洋ミツバチに対してのみ実験を行なったのであるが、必ず日本ミツバチにも役立つであろう。特に真冬～初春にエサ不足をおこしている時は適温に温めた糖液を、あまり無理に巣内の移動を強いず、迅速に終わらせられる利点がある。日本ミツバチは寒冷時巣ひ枠の底付近に留まっているのでその間近にエサを差し出せるわけだ。

これらは、大学卒業時、『ミツバチ用多目的人工巣』として一連の特許および実用新案がおりているのでくわしく知りたい人には資料をお送りできる。この中で特許期間が終わったものもある。自分でもつくることのできる簡単なものも多いのでどんどん利用していただいて結構である。

第3章　蜂群管理の実際

1、飼育適地と年間管理のあらまし

(1) 多群飼育は里山の丘陵地がよい

蜂を飼育したいと思っている方のほとんどは庭先や近くの自分の畑や山野でと考えている。しかし蜂も生物ゆえに周辺の環境が飼育地として適しているか、一応頭に入れておくことも必要である。花の種類が多く、流蜜のある草木が多数あるところといえば、第一に里山の丘陵地帯である。ここは春から秋遅くまで何かしらの花が咲いており、日本ミツバチの飼育地として最適である。一方標高の高い山での蜂群は蜜源に時季的変化が大きく、小さい群では流蜜期でさえも低温時は集蜜がとくに進まず、次の流蜜まで待てずに逃去することも多い。針葉樹の大量栽殖されているところもあり、緑が多いといっても不向きなところである。熊や大スズメバチにも注意が必要になる。

稲作、畑作地帯は大きい流蜜が少ないので、蜂はふえても採蜜方法によっては貯蜜不足になりやすく、給餌の必要がある。各種農薬の害で蜂減りが起きることもある。

(2)　春は産卵を促し、増勢に努める

ミツバチの産卵が始まるのは暖かい地方では二月初旬である。二月の中旬には多数の蜂児やサナギが生まれるが、北国では三月に入って産卵が本格的に始まる（西洋ミツバチは二週間遅い越冬明け）。本格的な産卵が始まる前に内検をしておく。タイムスケジュールが体に備わっているのか、そんなに暖かくならなくても寒さのピークが過ぎてしばらくすると産卵が始まるようだ。内検では次の点に注意する。

貯蜜の有無　貯蜜が少ない時は、なるべく蜂球の近くに給餌器を置き糖液を与える。

産卵の有無　卵や蜂児が見えない時は産卵前か不良王群だからもう少しようすを見る。

巣クズの除去　日本ミツバチは冬期終わり頃、多量に巣クズを形成する。これを巣底に落下させる。

梅の花が咲く頃になると花粉を運ぶ蜂の数が増えてくる（図３—１）。花粉は蜂児の大切な食べ物で時にはハチミツよ

図3−1　足に花粉をつけた働き蜂
盛んに花粉を運ぶほど，育児がすすんでいる証拠

り大事なので、花粉を運ぶ蜂が多いということは、女王蜂の産卵が順調であるとみてよい。桜が咲くようになると、雄蜂が産まれる。可動式巣枠巣箱に飼育している場合は、巣枠不足にならないよう、蜂の増え具合を見て巣ひ枠を補充する。そうしないと、単枠以外のところに自然巣をつくり養蜂作業がめんどうになる。春に使用する巣枠は完成巣（巣ひ枠）を入れる。

めずらしい体験をしたことがある。冬にも暖かい年に、蜂球をつくらず冬越しした群れが多数出て、産卵、育児をどんどん行なってしまい、貯蜜を使いはたし内検が遅れた群ではサナギや幼虫のまま大量に死滅してしまった群があった。北国のまだ三月初旬であった。温暖化現象の叫ばれるこの頃、充分注意が必要だ。

(3) 夏は蜂群を維持、集蜜のピーク

初夏〜盛夏になると巣門での出入りが活発になってくる。

蜂児が多い群は足に花粉ダンゴを付けた働き蜂が多数出入りする。自然群を巣箱に移し、木陰などに置いて三〜四日たつと、普通一分以内に二〜三匹は足に花粉をつけてくる。多い時は一〇匹以上に及ぶ。子育てに忙しい働き蜂も短期間に流蜜の多い花（図3―2）が咲くと、集蜜に全力を注ぎ、あまり花粉は運ばなくなり次々と同じ方向に直線的に飛んで行くようになる。

こんな時の夜は、巣の中に運んだ花蜜の水分を減らすため、巣内に風を送る蜂の羽音がするものである。一般に糖度二〇～三〇くらいのものを数日中に七六度くらいまで高める。巣箱の内側がビッショリと濡れるのは流蜜期で花蜜をたくさん出す花が咲いていることになる。

この時期は蜂群の集蜜活動がピークになるので、採蜜を行ないつつ乱暴にならないよう神経をつかい、群の状態を良好に保つように努める。

図3−2　夏の蜜源植物

公園のユリの木（上）。6月開花でとても良質な蜜を多量に出す。最盛期には地面が蜜でぬれているのがみえる。ビービーツリーの花（下）。中国・韓国原産で，7～8月に開花。20日間以上咲きつづけ，その間，ミツバチの羽音がにぎやかなことからこの名がある

(4) 秋は若蜂の数、貯蜜量に注意

暖かい地方では開花期間も長く、十二月頃まで産卵活動が行なわれているところもある。北国なら十月に入ると花の季節もほぼ終わりとなり、産卵もしだいに少なくなる。

したがって、越冬に入る二〜三カ月くらい前から産卵力の弱い群や、より若蜂を増やしたい群にはうすい砂糖水を少しずつ五〇〇グラムから一キロずつ二〜四回、一〜二日おきにあまらないように与える。すると巣づくりと産卵が活発になる。蜂は、一般にうすい砂糖水（水一：砂糖一、または六：四）を少しずつ与えるほうが自然の開花と錯覚するのかうまく産卵する。集蜜したばかりの花蜜は一度乾燥のため広めに蜜房を使い、その後、空部屋になったところが産卵されやすい。

花の季節が終わると蜜も花粉も入ってこないので、産卵もしだいに少なくなる。働き蜂は万一のために少量住まわせていた交尾のためだけに産まれてきたわずかばかりの雄蜂を巣箱から執ように引きずり出す。だから逆に秋遅くから春先に雄蜂やそのサナギがみられる巣は何か女王蜂に異常があるといえる。雄蜂の巣には突き出した巣房のサナギがみられるが、この時期にそれが多く見られる場合は無王群か女王が不良になったと考えられる。雄のサナギの後半期には特別なおちょぼ口の小穴が中心にあいているのでわかりやすい。

これから羽化する働き蜂は来春の大事な働き手となる蜂たちなので一匹でも多く増えるようにする。蜜が溜りすぎると貯蜜が産卵圏を圧迫して、女王蜂が産卵できなくなる。若蜂の少ない群で越冬することになれば早春の育児期に入って働き蜂ががっくりと減り、ひいては育児量も減る。これは何も人工給餌の時だけではなく、秋中頃からの開花のセイタカアワダチソウや、ソバの花など、多量に流蜜がある時も同様である。内検をして蜜量が多すぎる時は、花の流蜜が終わりしだい、空巣枠を中間に入れ産卵場所の確保が必要になる。

2、分封のようすとその対策

(1) 強勢で蜂数が増えると分封する

春も盛りになり花が多く咲き揃う頃になると、ミツバチの巣の中では雄蜂が目立つようになる。雄蜂は繁殖期に先だって生まれてきたもので、刺し針はなく、大きい目をもち、交尾のためだけに生まれた蜂である。働き蜂も次々に羽化して巣房の周りは何層にも重なった蜂で溢れるようになる。

通常、女王蜂が自分の生む卵に、交尾した際に貯えておいた精子を小出しして受精すると働き蜂、

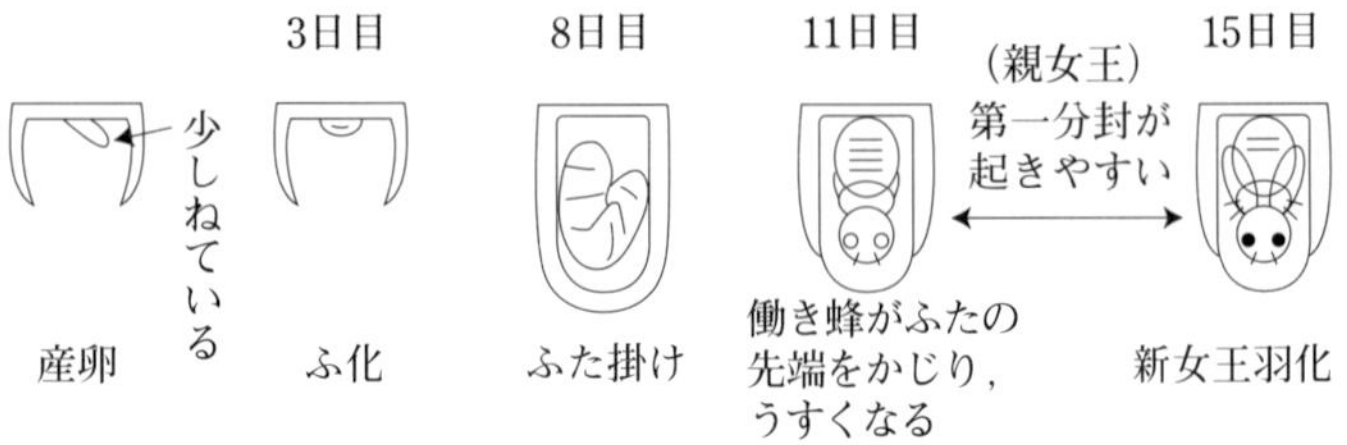

図3―3　女王蜂が羽化するまで

受精しないと雄蜂になる。つまり無精卵が雄蜂になるのだから、女王蜂の分身みたいなものである。

このような群は午後になると巣箱の中の温度調整のためか、一部の蜂が巣門の周りに涼を取りにあふれ、一部蜂球のようになることもある。内検のできないタイプの巣箱などでは、分封が近づいていると推測すべきで注意が必要である。蜂が溢れている群ではすでに王台が五～七個つくられているのがふつうで、王女出房間近の場合が多い（図3―3）。羽化間近の王台は先端が働き蜂によってかじり取られマユが露出してうすい褐色の半球が先端に形成される。そうなると五日くらいで新女王蜂が羽化してくる。

分封が始まると次々と働き蜂が飛び出し、上空をしばらく飛んだ後近くの太い木の枝などにとまる。働き蜂の一部は偵察蜂として分封の数日前から新しいすみかを探しにいき、分封して近くの木に一時休んだ時、新しいすみか候補地は一つにしぼられ、たいてい二～三時間後には群が新天地へ飛んでいく。しかしなかには翌日午前中に移動する場合もある（まれに数日間留まることもある）。いずれにせよ分封群は早く捕えなくてはならない。巣箱の用意は後回しにしてでも、とりあえずザル二個を合わせた中に入れるなどして収容し、涼しい木陰などに吊るして置くとよい。大きめのダンボール箱に入れしき布で包んでもよい。巣箱への移動は夕方か夜間に行なうとあまり飛び立つこともなく巣箱に収まる。ただし、近くに民家があってあけっぱなしの窓が明るい時は飛びたってさわぎになるので周囲の状況を念頭に置いておく。

(2)　分封が起こる経過とその仕組み

王台の羽化が近くなると母女王の第一分封が発生する。天候や、群のようすなどで遅速はあるが、ふつう新王女が羽化する前に分封する。分封が発生するのは雨ふり上がりの午前中にとくに多い。分封は次のような順で起こる（図3―4）。

①第一分封

自然分封では母女王蜂が群の半数ほどの働き蜂とともに巣分かれする。この分封群は、働き蜂の数が第二、第三の分封よりも多く、女王蜂もすぐ産卵を開始するため早期に強群となる。この一度目の分封群は確実に捕まえるべきである。

②第二分封

第一分封の後の天気によるが三～六日後が多い。蜂数は第一分封の五割から六割ほどで長女の新し

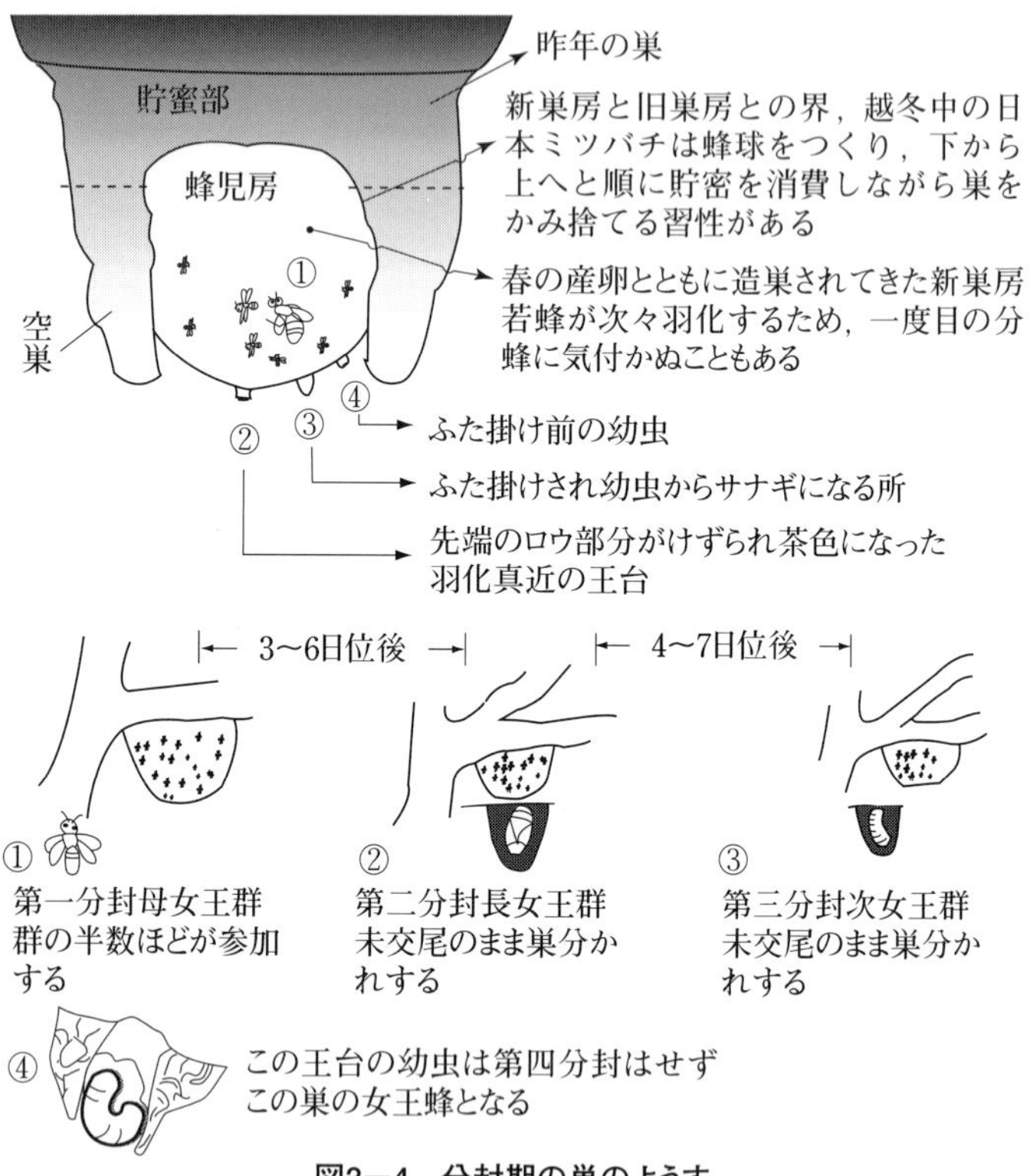

図3―4　分封期の巣のようす

い王女が未交尾のまま、第一分封同様に巣分かれしていく。その後交尾して産卵を始めるので、第一分封群より産卵開始するのが遅くなる。

③第三分封

たいてい第二王女による。第二分封の四〜七日後にやはり女王は未交尾で巣分かれする。一緒する働き蜂の数は第二分封の時と同数ぐらいである。第三分封の働き蜂の数が減らないのは、この時期多数の働き若蜂が次々に羽化してくるからである。したがってまだ蜂数が多ければ分封が続くこともあり得るが、普通、元巣の蜂数が目立って減ってくるので、三番目の王女が元巣の後継者となり、他の王台は働き蜂によりこわされる。

④分封後の巣

元巣にいる働き蜂は若蜂がほとんどで、巣から出入りする蜂も少ないが、やがて王女も交尾が終わり新女王に納まって、産卵が始まると働き蜂の活動もよくなってくる。女王蜂は羽化して七～一〇日くらいで産卵を始めるが、時には産卵開始に羽化後一五～二〇日もかかることがある。このような不良な女王蜂のいる群は、あまり大群にならずに再び王台をつくることがある。時期がよければ未練はもたずに早めに女王蜂の更新をしたほうが結果がよい。

(3)　誘導物の設置で分封群を捕まえる

①古い竹筒

これは、まだ理由がわからないが、実際に二度やって二度とも成功している。ぜひ試してほしい。少し黒っぽいカビのはえはじめている古い太い竹を二～四本ぐらい、同じくらいの太さのもので束ねていかだ状にすぐとりはずせるよう工夫しつなげる。これを二～三カ所巣箱から目立つ近くの木の下に、できればあまり直射日光のあたりにくいところを選び、水平に張り出した太枝よろしくしばっておく。できれば日本ミツバチの蜜をしぼった時に出てくる蜜ろうも冷凍・冷蔵庫で保存しておき、それも塗りつけておいたほうがよい。

これにほとんど必ずといってよいほど、日本ミツバチの逃去群や分封した群が集合し、なかなか飛びたとうとしない。これを教えて下さったのは鹿児島県の米盛廣秋さんという、日本ミツバチの研究家である。この方法を最近あみ出してから、一度巣箱から飛び出た蜂の群の回収がとても簡単な作業になったという。

日本ミツバチが竹の下におおぎ状に集合したら、底のない継箱に蜜枠と空巣枠を二〜三枚入れ、ふたをつけたまま竹の上に安定よく設置する。その竹を少しだけひろげてやれば、しばらくして箱の中にはい上がって乗りうつってくる。それを同じ蜂場内で新しく置きたいところに、その日の夕方に空の巣箱の上に継ぐわけである。昔からもっとポピュラーな方法は各地で行なわれている。桜などゴワゴワした外皮を張った板を、蜜ろうを塗りつけ同様の方法で木に結ぶことで目的が達せられる。しかしながら、竹のほうが確率がよいと米盛さんはあえて言われる。試してみよう。

②キンリョウヘン

花を咲かせている時に限るが、とても有効に蜂の群れが誘引され集合するので捕獲できる。日本ミツバチの集合フェロモンに近い物質を、東洋ランの一種であるキンリョウヘンが自らの花粉交配のために放つのである。ミツバチには何のメリットもないのに誘い込まれてしまう不思議な生物の営みである。花を長く保持させるよう面布をかけて蜂に交配させず、すぐ横に併設した巣箱のほうに入りやすくすれば何度も一つの花で蜂群を捕えることができる。

③待ち箱（洞）

もっと自然体なのは、古くから行なわれる、待ち箱とか待ち洞という蜂の住み着きたいような箱を、直射日光がさけられるブドウ棚の下とか大木の下など、いかにも暮らしやすそうな場所に置く。おまけに、ミツバチの好きなかおりの黒砂糖や、焼酎をまぜたものをほんの少し待ち箱の内壁に塗っておく。決してベタベタになるくらいにしない。現在は日本ミツバチにとっても住宅難、すみかを探すことはむずかしい。また、豊富な植物相も減り、蜜源樹もない期間はつい甘い水にさそわれる。だから前述の方法を勧めても、初めての人は本当に近くに蜂なんて居る？　といぶかるが、自信をもって試してみてほしい。日本ミツバチは条件のそろったできのよい箱を求めているし、目ざとく、探し出すのにたけている。

(4) 水や音で分封群の動きを封じる

予想外のときに分封・逃去の騒ぎが始まった場合でも、前述した工夫をほどこしてあればたいていうまくいく。しかしもっと確実にしたいとか、一度すでに分封自動回収器にとまっていたのが、巣箱に納める前に飛び去ろうとした時には、以下の方法も頭に入れておくべきだ。そうしないと目の届かないところにいっきにいなくなることだってあるからだ。

図3—5　日本ミツバチを静める霧ふき
西洋ミツバチに用いるくんえん器では嫌がられるだけ。ベタベタにならない程度であれば巣箱の内検時にも有効

①散霧水

日本ミツバチにしろ西洋ミツバチにしろ、雨などがふり出しそうになったり雷雲が近づくと働き蜂は巣からあまり飛び立たなくなり、野外に飛んでいた蜂たちも足ばやに巣内にもどってくる。たぶん、この自然を見習いまねて、昔から経験則として行なわれてきた分封制止法が広く伝わっている。

一つには飛んでいる蜂群に水を霧状にかけるのである（図3—5）。とはいえ、手やひしゃくでは無理がある。ふだんから蜂場内（庭先）に水道からすぐのばせる長いホースがあれば、それで細かい霧状にふりかける。たいがい近くの木の太いところに、急いで集合し静かに留まるので捕獲しやすい。もし、水もなければ、しょうがないので、かわいた砂や土でもよい。要は、飛び続けるのを止めさせるようにしむけるのだ。荒っぽいが効果は期待できる。

②大きな音

一斗缶かタイコの連続音をきかせるのもよいといわれている。なければ大きめのダンボール箱を空気の抜けないようにしてたたく。空気の震動を雷が近づいていると感じてなのか、早急に雨やどりするのだそうだ。江戸時代以前から話として伝わっているし、海外の本にも、ドラをたたく絵を見たことがあるので信憑性がある。ただし、私は試したわけでない。また市内で行なうにはちょっとまわりの人の目があるので勇気がいる……。背に腹はかえられないときにやってみよう。

(5)　捕獲網は二つ、立てかけ台も用意

以上の方法で、ほとんど蜂群は捕らえることができる。たいてい日本ミツバチの分封群は、高くても、脚立にのる程度で届くところに、一端、陣をかまえるからだ。しかし、逃去群だったり、一度、飛び立ってからもう一度付近に留まる場合、状況にもよるが高所になりがちである。

そんな時のために昆虫採集用の網を、ものほしざおや、つりざおとともに用意して、高さに合わせ

ヒモなどで固定して、蜂群を下からすくい取る。そして、すみやかに網を反転して、蜂群が網から逃げ出さないように、網の入口をふさぐ（そのためにも網の深さは深めのほうがよい）。できればこの作業は、二人いたほうがずっと簡単だが一人でも慣れるとできる。

蜂群を捕らえた昆虫採集の網のついたさおを、あわてずゆっくりおろしてくるのだが、作業のしやすいようにするには、たてかけるための腰高くらいの台をあらかじめすぐ近くに置いて、その上に、蜂の重さで反転して網の口が開かぬようにのせる（網の部分は台から先に宙ぶらりになるように）。多少、蜂がまわりに飛んでいてもかまわない。もとの木に一割ぐらいは残っていたとしても、ほっておいてよい。

それより何よりも、前述した面布を利用した分封一時保護網に移す。そして、分封（逃去）群のついていた、木の下のほうに、しばらく吊るす。この中にたいていは女王蜂も入っているので、時間とともに、この保護網の表面に、とり残した蜂もみんな集まり一時間くらいでくっつく。そうしたら、その上から、さらに余裕のある、大きなアミ袋をおおいかぶせるのだ。もし時間がなくて取り残しても母群のほうに飛んでもどるから大丈夫である。

もしこのようにしても元の木のほうに一時間しても一割以上蜂の集まりが出きたままで、まわりの蜂も、そちらに集まってしまったら、残念ながら女王蜂は、そちらのほうに付いていることになる。

もう一度、同じ捕獲行為を行ない、分封一時保護網にすぐ移す。保護網も昆虫採集網も、木にひっかけてやぶれたりすることもあるので、それぞれ複数用意するほうが無難である。遠方で捕獲した時は持ち運びには発熱を抑えるために車の中でも吊るしたまま移動するほうがよい。

3、分割による増群の方法

(1) 分割予定群を内検、王台を採取

自然分封で増群できれば一番よいが、気づかぬうちに分封が発生して、飛び去ることもあり、他人の迷惑になる場合もある。町中では絶対さけなければならない事態である。このような時は人工分封がよい。人工分封すなわち分割は王台がふた掛けされ先端がうす褐色になった頃が適期である。自然分封が始まる前に行なう方法のため、遅れることがないように作業にとりかかる。

まず分割予定の群を点検して、王台の数を調べる。たいてい王台は巣ひの下方端側にできる。だから日本ミツバチは、いろいろな巣箱で飼われていても、巣枠なしの自然巣の巣箱でも底板さえとりはずせるならば王台を調べることができる。さらに究極の手抜き方法として巣の中が見えない巣箱の場

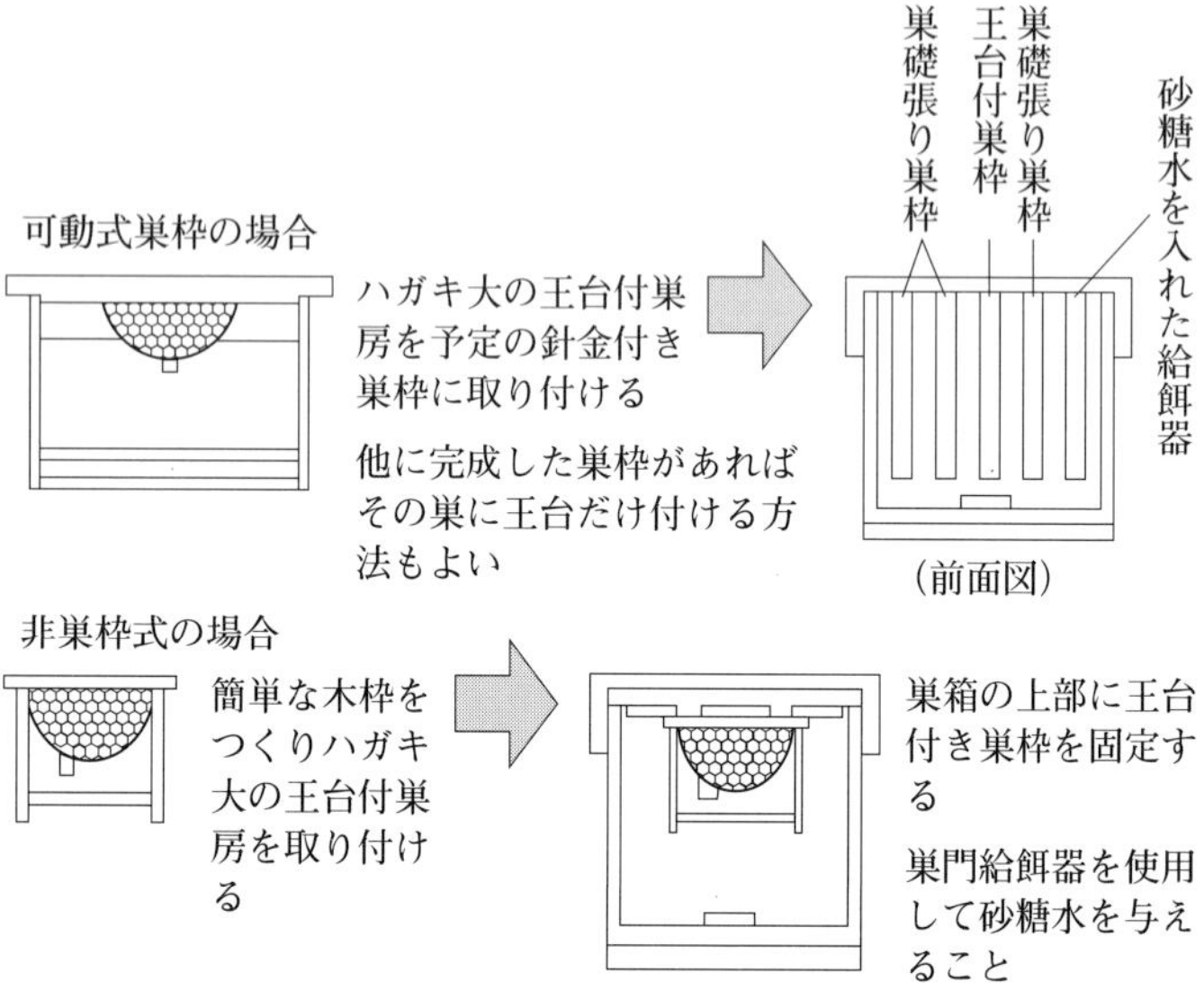
可動式巣枠の場合
ハガキ大の王台付巣房を予定の針金付き巣枠に取り付ける
他に完成した巣枠があればその巣に王台だけ付ける方法もよい
巣礎張り巣枠
王台付巣枠
巣礎張り巣枠
砂糖水を入れた給餌器
(前面図)
非巣枠式の場合
簡単な木枠をつくりハガキ大の王台付巣房を取り付ける
巣箱の上部に王台付き巣枠を固定する
巣門給餌器を使用して砂糖水を与えること

図3―6　王台の取り付け

合は、他群の王台を利用して人工分割することもできるのだ。

さて、非巣枠式の巣箱には自然巣房がたくさん並んでいるのが普通なので、ゆっくりひっくりかえして軽く息を吹きかけると巣房の下部に王台が幾つも見られる。その中で一番大きくて羽化間近な成熟王台（王台のてっぺんがうすくなっているもの）を一個巣房ごとハガキほどの大きさに切り取り巣枠に付ける（図3―6）。この時に働き蜂の巣房を多少つぶしてしまうのはしかたがない。

なお、強制分封なので働き蜂のおなかに蜜が貯わえられていない。そこで必ず給餌が必要である。自然分封では働き蜂

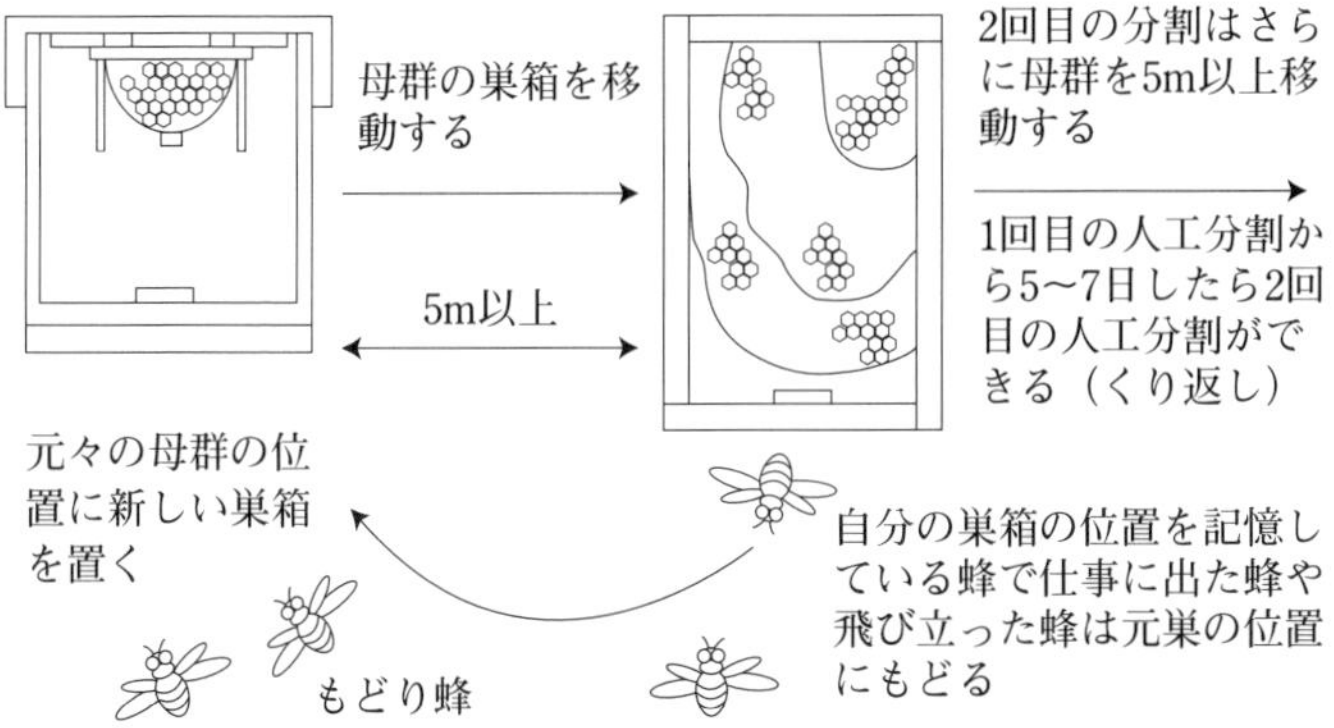
母群の巣箱を移動する
5m以上
2回目の分割はさらに母群を5m以上移動する
1回目の人工分割から5～7日したら2回目の人工分割ができる（くり返し）
元々の母群の位置に新しい巣箱を置く
自分の巣箱の位置を記憶している蜂で仕事に出た蜂や飛び立った蜂は元巣の位置にもどる
もどり蜂

図3―7　もどり蜂を利用した蜂の分け方

たちはおなかいっぱいに蜜を持ってから飛び出す。引越先の巣をつくる材料もハチミツであるし、当面の食料も必要である。強制分封の方法で分けた蜂は腹に貯えをしていないので、エサ不足で餓死や逃去の可能性が大きく注意が必要である。

(2)　元巣を移動、もどり蜂で新群形成

営巣群を五メートルほど移動して元巣の位置に王台入りの新しい巣箱を置く（図3―7）。この作業は、必ず蜂が活動できる日に行なう。また午前中に移動しおえることが大切である。蜂の活動のよくない日に行なうと蜂のもどりが悪く、大切な王台を冷すことにもなる。もどり蜂が予定の蜂数に達するまで、二～三日を要することもある。

こうして分割された群は三～五日くらいで新王女が羽

図3―8　もどり蜂がつくった多数の王台

強制的につくらせた王台で，急いでつくったためか小型の王女蜂が羽化しやすい，できる限り大きめの王台を2〜3個残す

化して数日後交尾がうまくいくと四〜七日ほどで産卵が始まる（図3―8）。これで母群を二群にするが、母群では働き蜂の若蜂が日々羽化しているので、こちらも五日ほどしたら二回目の分割を行なう。このくり返し方法で一群を四群くらいに分けることもできるが非巣枠式で働き蜂の数が正確にはわからない時は、三群で分割をストップさせておく。この分割法では移動する元巣に母女王蜂がいるので、分割の作業が終わったら母群からすべての王台を取り除く。

なお、この母群の女王蜂を生かしたまま来年も同じ方法で分割すると、三年目の女王蜂となって産卵力、体力とも弱まる。知らぬ間に死亡すると一番面倒なことになる。最後の

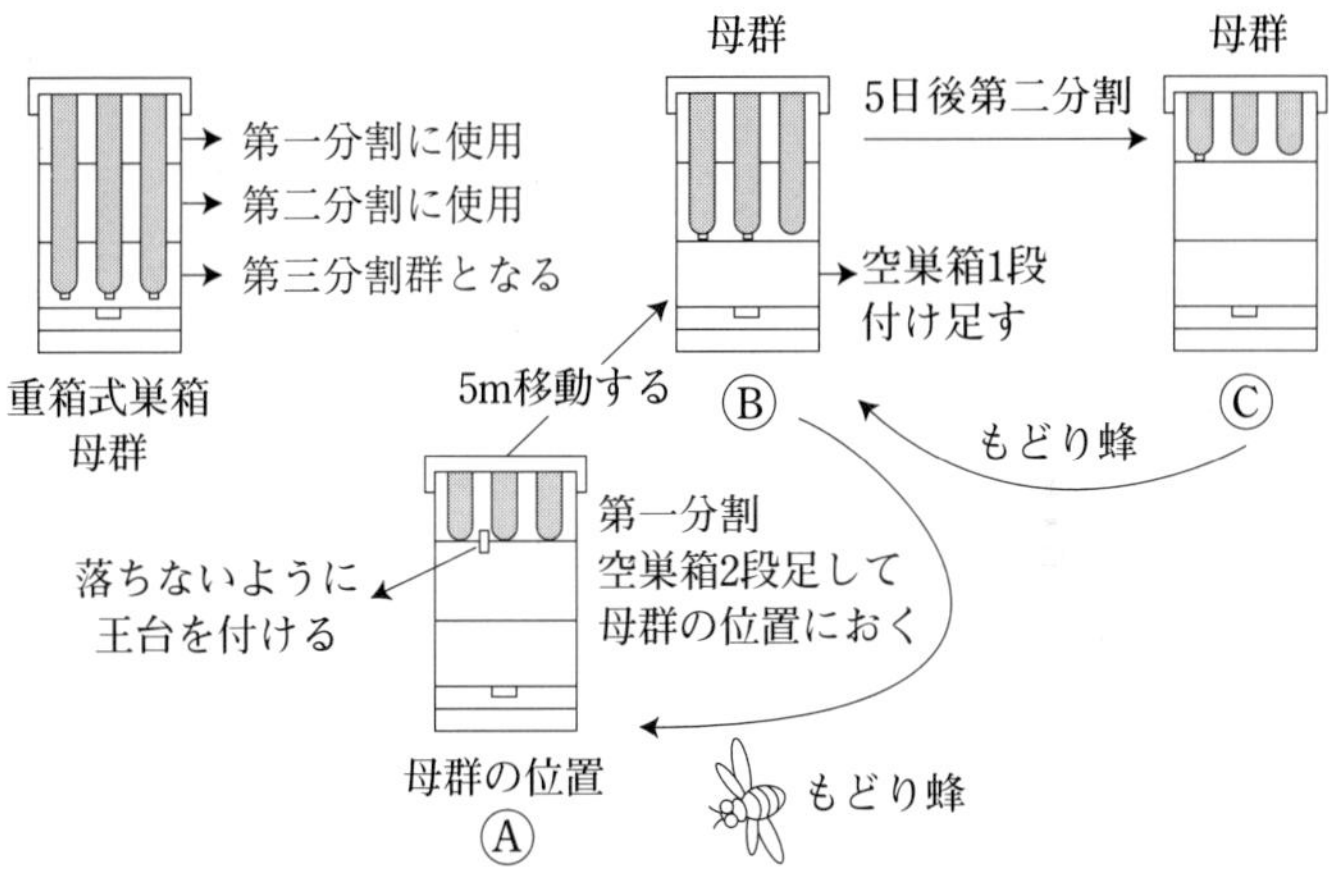

図3―9　重箱式巣箱による蜂の分け方

分割が終わって一カ月ほどでまた蜂児が多数生まれるので、可動式巣枠に移植して飼育し、頃合いを見て女王蜂の更新をする。

(3)　重箱式巣箱での分割なら給餌不要

重箱式で飼育している群は上部一段目を切り取り、蜂を全部払い落として巣房の間に王台を絶対落ちないようにはさみ込み、下部に二～三段枠を付け足して母群の元あった所に置く（図３―９）。下段の蜂のついている母群は移動する。この分け方はもどり蜂を利用しての分割方法と同じだが貯蜜も一緒の分割なので給餌は不要で非常にらくである。ただし盗蜂に注意する。

この重箱式の分割法は大きく巣房を切り分ける分割なので、蜂が多数付いたまま新しい巣箱と組み合わせる。女王蜂がどの巣箱に付いているかわかるように蜂群は下段の枠箱に全部移動させてから行なう。この場合少々心配だが女王蜂と王台が一緒になった巣箱で群が小じんまりとなる。だから分封はおきないのがふつうだ。元気ある女王ならばそのまま働き蜂に生かされ王台はかじりとられるが産卵力の低下や足の故障など、女王蜂に衰えを感じれば働き蜂は、女王を殺し王台を育て新女王蜂の群をつくる。

(4) 巣ひ枠を使った分割なら一回ですむ

可動式巣枠を使ったミツバチの飼育では、雄蜂の発生時期や王台の育ちもよくわかり、大変便利である。この可動式巣枠巣箱の人工分割は前記のもどり蜂を利用しても分割できるが、その他に一枚ずつ巣枠ごと分けて運べるので、蜂数を等分割に一度で分ける方法が採用でき、便利である。

①手順

母群を可動式巣枠の巣箱で飼育している場合は内検が容易なので何らかのはずみでできた早づくりの王台などは小さいうちに潰して蜂群が充分に増えるのを待ってから分割群をつくる。分割群が秋までに少なくとも一万五〇〇〇匹くらいの群にするためには新しい群のスタート時で四〇〇〇匹の働き蜂が必要となる。これは西洋ミツバチ用巣枠二枚に蜂がきちっと付く量である。したがって母群の蜂

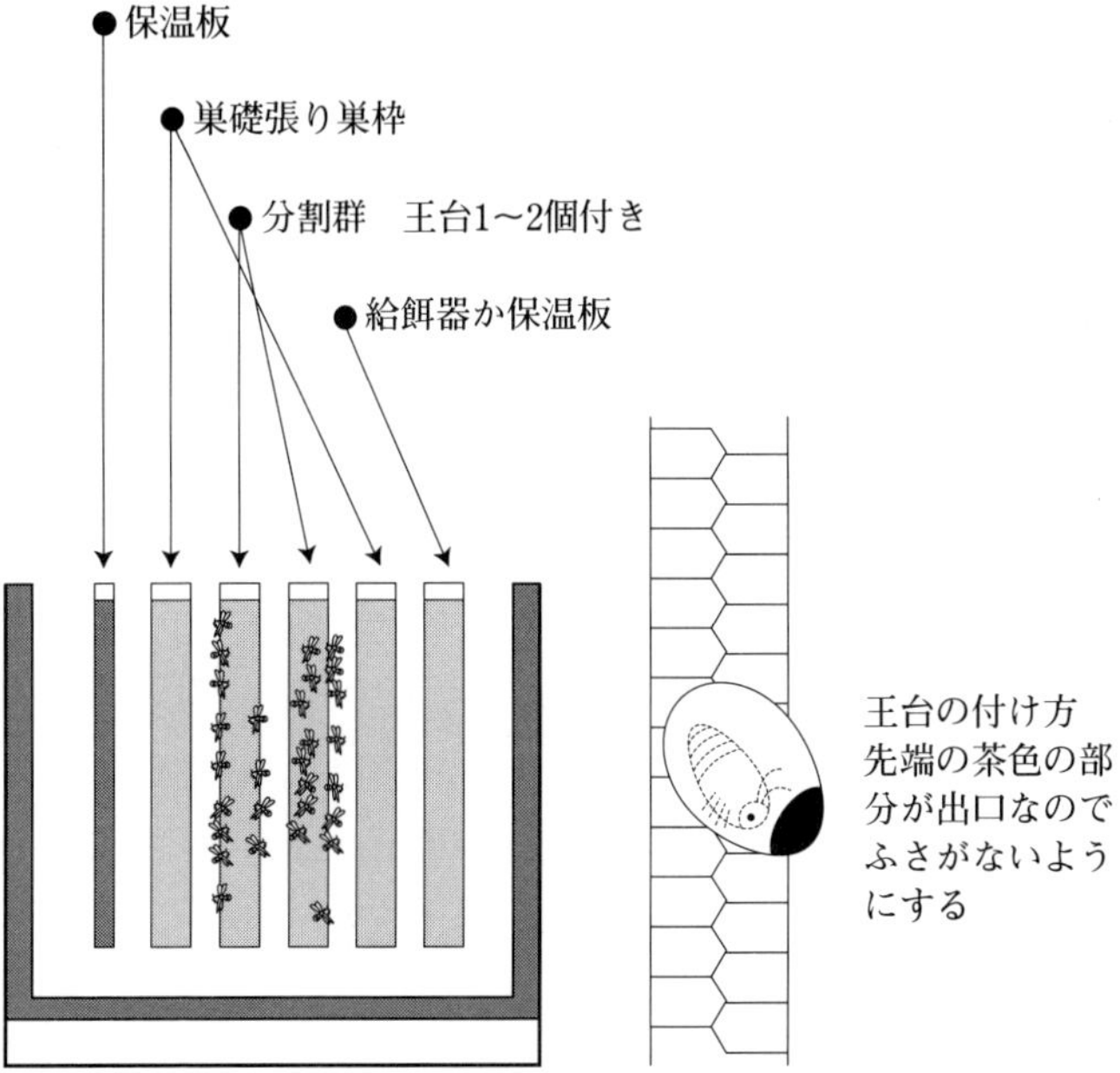

図3－10　二枚群のつくり方

量によって何群に分かれるかがきまる。仮に六枚満群とすると、二枚群で分割すれば、三群できることになる。

二枚群のつくり方は中央に分割群をおき、両側に空巣ひ枠か巣礎枠を入れさらに保温板ではさんでおく（図３―10）。開花が少なく貯蜜が減るようなら給餌が必要となる。分割した巣枠には形がよく大きい王台一～二個が必要である。王台の付いてない分割群には切り取った王台を付けるが蜂児の多い巣房部分に付けるようにする。女王蜂が元

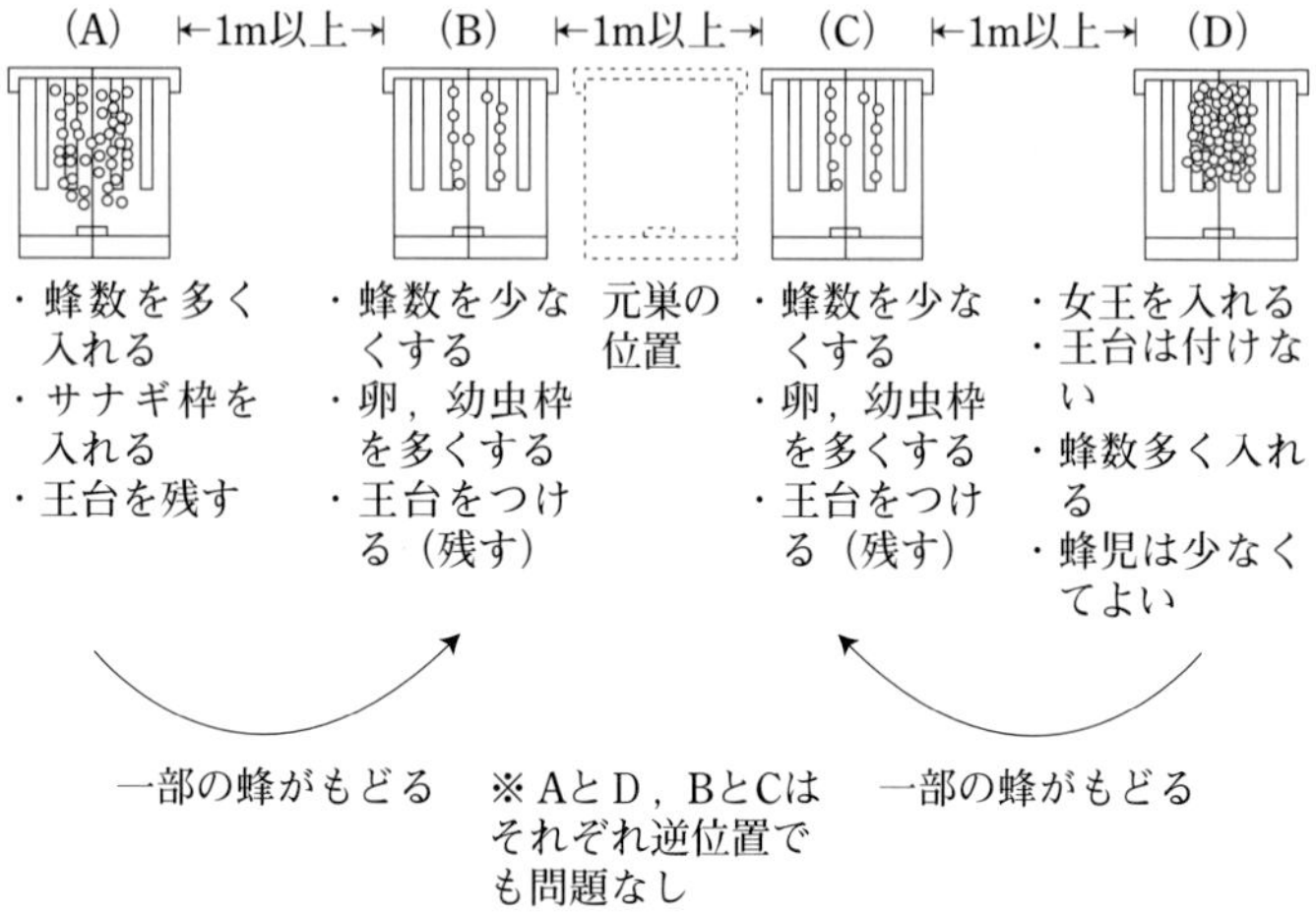
(A)
←1m以上→
(B)
←1m以上→
(C)
←1m以上→
(D)
・蜂数を多く入れる
・サナギ枠を入れる
・王台を残す
・蜂数を少なくする
・卵，幼虫枠を多くする
・王台をつける（残す）
元巣の位置
・蜂数を少なくする
・卵，幼虫枠を多くする
・王台をつける（残す）
・女王を入れる
・王台は付けない
・蜂数多く入れる
・蜂児は少なくてよい
一部の蜂がもどる
※AとD，BとCはそれぞれ逆位置でも問題なし
一部の蜂がもどる

図3－11　蜂数の調節

気なら、この女王蜂でも一群をつくるが、二〜三年目の女王蜂なら、すべて王台群にするのがよい。

こうして人工分割を行なったら、二キロ離れている新しい飼育場に移す。移動は同一カ所へもってゆく時はできれば一日一箱、どうしても複数の箱の時は大きく三メートル以上離してさらに別々の特徴を出した○×△□印のついた箱にしないと、迷って他の箱に入り多数の蜂が殺し合うことになる。また、交尾のため巣から飛び出していた新王女が帰巣の時、他の巣箱にあやまって入るのを防ぐためでもある。移動する場所が二キロ以内で、もどり蜂が相当ありそうな時は一群だけ蜂を少な目に分けて、元巣の位置に残しておくとよい。

②蜂数の調節

他の飼育場がなく同じ営巣地で分割増群する場合、母群から一度に分割群をつくると当然蜂の片寄りが起きる。この片寄りを少しでも防ぐために分割の時にもどり蜂が出ることを考慮して蜂数を分けるとよい（図3―11）。この作業は天候のよい日の午前中に行ない、翌日点検して、あまり蜂の片寄りがひどい群は、入れ直す。

ここで知っておくべきは、元巣の位置に近い巣箱（図中ＢＣ）に多くの蜂が集まるということである。もどり蜂は外勤蜂で、外側の巣箱（図中ＡＤ）に残る蜂は若蜂である内勤蜂と、おおまかにみることができる。したがって外側の巣箱内では時には一時的に蜂数が少なく見える。しかしサナギのいる枠をつけておくことで若蜂が次々羽化しバランスが取れる。女王蜂のいる内側の巣箱は求心力が強く、もどってしまう蜂の数はそれほど多くないがある程度はやはり移動するので点検の必要がある。

次に内側の巣箱は元巣の入口を中心に同じ距離を左右に分けて置いているが、蜂のクセでどちらかに片寄る場合がある。片寄りが多すぎる時だけ、蜂数の少ない巣箱を元巣があった近くに寄せてようすをみる。

このようにして人工分割した場合は外側の群は若蜂が多いため、外勤蜂の多い内側の群とくらべ巣箱の蜂の出入り数に違いがでる。しかし、それは心配することではなく、新女王蜂が産卵を始める頃には花粉を集める働き蜂の往来でにぎやかになるので心配はない。

③迷える王女

この方法で注意する点は新王女蜂がどの巣箱からも同じ頃に羽化するため、交尾のため、巣箱から飛び立つのが同じ時間になりやすいことである。交尾を終えて帰巣する時巣箱が互いに近すぎると、隣の巣箱に入り殺される。これは、次のように考えられる。新王女は交尾のため巣箱を出た時、中の働き蜂が新王女が間違わず、帰巣できるよう集合フェロモンを出している。隣の巣箱からも集合フェロモンが出る場合、同じ巣箱からの分割なので同類の匂いがする。ただし全く同じではないから後で殺される。自然界ではほとんどない状況で蜂が迷う。そこでより強い匂いのほうに入ってしまうというわけである。

巣箱を間違って入った場合新王女のいない群では夕方、働き蜂が巣門付近で小走りに右往左往していることがある。よく見て右側に走り寄るようなら右隣の巣箱に新王女蜂が迷い込んでいることが多い。そのままにしておくと翌日には殺された新王女が外に出されていることが多い。このような失敗を防止するためには、巣箱同士の間を広くする、使用する王台の羽化に差が出るよう選ぶ、それぞれの巣箱に、他の巣箱にない色、もよう、匂いをつけることなどの工夫が必要である。

④給餌の必要

こうして新女王蜂として産卵が始まると幼虫の食糧となる花粉集めの蜂が採蜜蜂より多くなる。この時期（東北では六月末～七月初め）地方により無蜜期に入っているところもある。巣房をよく見てふた掛けしている貯蜜以外に蜜が見えないなら、無蜜期である。その時は早い時期にうすい砂糖水を給餌すると産卵力が衰えない。ふた掛け巣房がかみやぶられはじめていたら一刻のゆうよもない。反対に巣箱の内側がぬれている時や巣房にキラキラ蜜が見えるようになれば、流蜜があるので給餌の必要はないということになる。

4、新王育成による増群の方法

(1) 旧王の幽閉、王台の間引きで育成

新王を育成することでも新しい群が形成できる。育成にあたっては、無秩序に王台を残さず、適度に〝まびき〟を行なう。ただし、西洋ミツバチと違ってただ王台をつぶして取り除くと、大失敗する。時として、王台全部とり除いても分封は予定どおり行なわれてしまうことがある。そして残った群は

無王群となる。

それを防ぐには、一時的に、羽を切った女王蜂といえど王カゴに幽閉したうえで、まち針などで必要な王台以外を刺して中のサナギを死亡させる。けっして王台そのものはとり除かない。かわいそうだが王台の中で死なせたままにしておく。できれば生かしてある王台にはマジック等で印をつけてわかりやすくしておく。

王台最上端がハゲ頭よろしく薄皮になってきたら、数日中に新王女が生まれる。その目安はハゲているところが、ちょうど「戦水鑑のハッチがあいたような」ふた状に残っている。また万が一それ(ふた)がとれてしまっていて穴がきれいな円形でギザギザになっていない。さらに王台に対する働き蜂の〝なじみ感〟が見られると出房したことがわかる。一番よいのは、その王女をみつけることだが、あまり時間をかけると他の問題が発生(盗蜂や、逃去)することもあり、無理は避ける。生まれたての王女蜂は、かなり大きくみえるが数時間すると体もかわき交尾飛行にそなえ、働き蜂と見わけがつきにくい大きさになり、またすばしこく動きまわるようになる。

いずれ、カゴに入れてある女王蜂を、新しい位置に設置した巣箱に、半分ぐらいの働き蜂のいた巣ひごと移住させる。あまり日数をおくと死ぬので一～二日したら女王蜂を解放する。その際どうしても新王女が、どちらの巣にいるかわからない時は、旧女王はもとの位置に数枚の貯蜜枠とともに残したままおさめ王カゴのまま設置し、もとの巣箱を近くに全蜂群の入ったまま移動すればよろしい。ある程度のもどり蜂でカゴから出された旧女王は生活を営める。

(2) 変成王台をつくらせて新群を形成

ふつう西洋ミツバチは女王蜂が死亡すると二〜三日目から王台をすぐつくり始める。今まで一般にはむずかしいといわれる日本ミツバチでも幼虫のいる群ではふつう巣の下部にあるふ化後三日以内の働き蜂の幼虫には女王蜂に育つための食事（ロイヤルゼリー）を働き蜂よりも多給して新しい女王蜂をつくろうとする。

こうしてできた育児房を変成王台とよぶ。ただし西洋ミツバチではたいていうまくできる王台が、日本ミツバチではなかなかうまくいかない。日本ミツバチではローヤルゼリーの生成力が弱いため、育児房が多い割に蜂数が少なめだと王台づくりがうまくいかない。しかし、日本ミツバチは、その性質として老いた女王蜂が新しい女王蜂に入れかわる時にできる交換王台と呼ばれるものはつくられやすいようである。逆にこの習性を利用すれば、新たな一群ができる。

①手順

まず、産卵旺盛な群より卵が下部に生み付けてある部分を働き蜂の巣房ごと（幼虫・サナギのいる

図3—12　巣房の先端につくられた王椀
これに働き蜂幼虫がいれば王台となる

もの)、ハガキくらいの大きさに切りとり、用意した巣枠に取り付ける。これを新しい巣箱に収め、数枚の空巣枠を入れる。この巣箱にもどり蜂を利用した方法で働き蜂を入れる。

もどり蜂の巣箱には、砂糖水の給餌が必要である。もどり蜂は早速、王台づくりを始めるので二日ほどしたら点検してつくり始めた王椀（王台の基礎）の中に幼虫がいるか確認する（図3—12）。王椀五個くらいに対してそれぞれ幼虫の存在を確認する。もし、いなかったり弱そうであれば他の群から、ふ化二〜三日の幼虫を移虫針を使って傷つけぬよう、ひっくりかえさないよう入れる。少し技術が必要である。

新王女が羽化するのは遅くて一五日早ければ九日目で出房する計算になる。王台づくりを産みたての卵から始めたか、ふ化後三日目の幼虫から、つまり六日目から始めたかによる。これは王台に使用された卵や幼虫の日齢で王女の羽化日が違ってくるからである。王台を多数つくっているので、ふた掛けされたら大きくて、形のよい王台二個ほど残し他はまびいて羽化を待つ。変成王台を働き蜂がつくる時、女王蜂養成を急ぐために与えるローヤルゼリーの量が充分でない幼虫にふた掛けする場合もある。したがって、なかにはいつまでも生まれなかったり働き蜂と同サイズ以下の王女が生まれたりもするので王籠内であらかじめ羽化させた新王女の選別を行なったうえでできるだけ大きく、しっかりした王女を移入させることも一つの方法である。

②巣内の動き

もどり蜂の大半は外勤蜂と思われる。外勤蜂は育児をする時期を終えた蜂でロイヤルゼリーをつくり出して育児することは期待できない。育児は内勤蜂と呼ばれる羽化後六～二〇日の若蜂が受けもっている。巣づくりのろうの分泌やローヤルゼリーの分泌が盛んでもっぱら巣箱の中だけで仕事をしているのだ。したがってもどり蜂で王台を育てられるのは、そのもどり蜂の中で定位飛行を行ない自分の巣の位置を記憶している、ほんの一握りの若蜂である。だからローヤルゼリーが王台に充分与えられるよう働き蜂の幼虫をほとんど育児させないようなコツがいる。

さて人工分割群で、変成王台づくりから新女王蜂が産卵し、そして若蜂が羽化するまでには合計三六～四三日くらいの日数が必要である。ところが面倒をみる働き蜂の成虫の寿命が忙しい時期ではわずか一カ月くらいともいわれるが、これでは蜂児を育てる働き蜂が途中でいなくなる計算となる。実際は半数くらい残る。女王がいないとホルモンの流れが変化して働き蜂の寿命が伸びる。それでも、かなりあぶない橋渡りである。失敗すれば後が続かない。ここで、羽化近い自然王台を使って分割群をつくると最初の若蜂羽化まで一〇日以上日数が短縮される。働き蜂の寿命とを考え合わせるとその差は非常に大きいものになる。

(3) 女王喪失による働き蜂産卵に注意

一群の中には通常、一匹の女王蜂がいる。働き蜂産卵群とは、その女王蜂がいろいろな理由により亡失したり、女王蜂としてのアピール（九オキソデセン酸＝女王物質）が不足またはなくなった時、メスである働き蜂の一部が産卵を始めることをいう。産卵をする蜂はたいてい一匹ではなく多数で巣の全体に産卵される。なかには一つの巣穴に一〇卵も産み付ける時もある。働き蜂は交尾しないので、無精卵を産んでも無精卵から生まれるのは雄蜂だけであり、この群は衰退して終わりとなる（図3—13）。

働き蜂産卵を始めた群を正常群に戻すことは簡単ではないが実験では次の方法で成功している。

①他群からの女王蜂を王カゴに入れエサは移す相手の蜜にして、匂いをなじませる。貯蜜枠だけにして蜂を充たしてからその王カゴを入れる。女王蜂がカゴの中でエサ不足になり、死亡することも多いので一日二回くらいスポイトで給餌するとよい。女王蜂をカゴから出したら、ようすを見ながら空巣

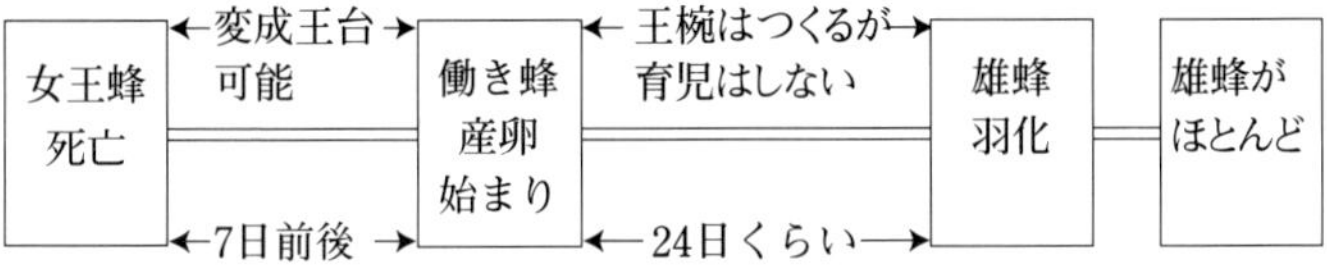

図3―13　女王蜂の喪失による働き蜂産卵

をあたえる。移入女王の産卵は巣房の中心から一個ずつ産み始めるため働き蜂の無精産卵の仕方と、全く違うことがわかる。カゴから女王蜂を出した時、働き蜂にいじめられないかを確認する。まだ馴染まない時はもう一度カゴに入れようすをみてくり返す。

②正常産卵群と働き蜂産卵群の巣箱をそっくり交換する。これは正常群の巣房から次々に羽化する若蜂の力によって変成王台を育てあげさせることを目的とした方法である。もちろん王台は移植しなくてはならない。正常群と働き蜂産卵群が同じくらいの数の群であるようにしなければならない。

このように働き蜂産卵を始めた群は、他群の大きい犠牲があってようやく正常群にできる。しかも必ず成功するわけでもない。やはり予防に力を入れたほうがよい。

他に産卵働き蜂が発生しやすいのは、①営巣群を新しい巣箱に移す時　②分封群を新しい巣箱に移す時　③盗蜂に入れられた時　④巣箱を倒した時　⑤交尾飛行に出た時などである。女王蜂が不在の群は、さわがしく、着ち付きがない。また、無王になると二、三日で巣房下面に小さい王椀をつくるが、それが目印となるので見のがさず働き蜂産卵前であれば、移虫針でふ化三日以内の働き蜂の幼虫を王椀に移植すると王女に育てあげる。ふた掛けされた王台や若い幼虫のいる巣が入手できるなら、それをもらいうけて利用するのが一番である。

5、逃去の原因と防ぎ方

(1) 分封と同じ損失でも精神的落胆が大きい

手塩にかけて育て、観察を続けてきた日本ミツバチの群がある日、忽然といなくなったり、半減したりする。しかも、かなり貯まっていたはずのハチミツもいっしょになくなる。もうがっかりを通り越して、飼育放棄さえ考えてしまう。こんな経験を、日本ミツバチを飼ったことのある人は、たいてい一度や二度は味わう。そもそも、分封と逃去は（ある意味で）正反対の蜂群の状況下であるにもかかわらず、結果として似た損失が起きる。分封の場合でも良群であったならば、ハチミツも相当量、一万匹以上のミツバチとともに消えてしまうわけだ。

しかし、分封であればがっかり感は強いが、まだ『もと手は残っている』という諦めもつくし、

『飛んでいった蜂群もどこかで雄々暮らしていけるだろう』みたいな親心的言い訳で、自分を納得もさせられる。

ところが逃去となると『破産』のようなものだ。喪失感というのだろうか、とくに西洋ミツバチを飼ったことのある人なら、何という変な蜂かと思ってしまう。そんなに悪い飼い方をしたつもりもないのにかたすかしをくわされたようだ。何が悪かったのかと、空っぽになってしまった巣箱を見てぐるぐる考えるだけなのだ。飛んで行った先だって食料ももっていっていないし、死んでしまうかもしれない。逃去のほうがはるかに精神的落胆が大きいということになる。

(2) 女王蜂の片羽切除で予防する

まず予防であるが、女王蜂の片羽根切除法がある。これは、交尾がしっかり終わっていることが条件で、産卵を開始していることを確認のうえ行なうべきだ。かなり慎重をようするが、女王蜂は刺さないのでそっと、つぶさないように両羽根を同時に指でつまみもう一方の手の人さし指にだきつかせて、そのまま、慎重に同じ手の親指を背中に軽くそえる。もう一方の羽根をつまんでいた指をはなし、用意したハサミで、片方の大きいほうの羽根だけを半分位切り落とす（両羽根を切ると、それなりのバランスがとれるため、飛び立ってしまう）。その後はそっと巣にもどす。余裕があれば羽根の切断と同時に速乾性の修正ペンで女王蜂の背中に白い印をつけると、養蜂管理上とても便利である。

どうしてもつかめない人は、小さいコップに細工をして、ドライアイスの小さいものをコップの底に取りつけて（金網などで二重底にするとよい）、巣ひ上を歩きまわる女王蜂にかぶせる。数十秒で、眠ってしまうが短時間では絶対死なない。安心して、羽を切り、多少、目ざめるまで手の平で温めて、異常はないか観察してから巣内にもどす。

この方法では働き蜂の逃去行為そのものは、防げないが、早いうちであれば女王蜂が巣の前でうろうろして飛べないでいる。その時働き蜂の群れは必ず舞いもどってきて元の巣箱に帰るか、その近くに集合する。いわば、逃げられる一歩手前で水際作戦をしているようなものである。

(3) 根本的な原因を探り、改善する

ただし、逃去は、何らかの巣の中の問題が発生している証なので、このまま放っておけない。放置すると、何度かの逃去をくり返しているうち女王蜂も結局は亡失して、数日すると働き蜂自身が無精卵を生み出し、群はいずれ消滅するか、無精卵を産む働き蜂を女王蜂扱いし、逃去してしまう。だから、女王蜂の羽を切って逃去を留めるのは逃がさないための最低条件の一つにすぎない。真の解決法をすみやかに見い出す間の、つなぎの措置だと認識すべきだ。

①速やかな給餌

この場合、原因が食料不足の場合にはその日の夕方から、静かに給餌するか急ぎの場合は、日中でも給餌して、すぐ巣門を閉ざして、換気用の金網は開放しておく。あくまで女王蜂がまだ箱の中にいる時のみ有効である。多少の蜂が巣外にとり残されても問題はない。翌朝巣門を開放すればよい。

②高温の解消

次に直射日光が巣箱に当たりすぎ、温度の調整ができなくなって逃去する場合には、昼に巣箱に当たる直射日光をさえぎるように、〝よしずを張ったり温度変化の少ない、厚手の巣箱に切り替えたり、また、換気用の金網を開放する。日光の直射面に発泡スチロールほか、熱の遮断できるものを張るのもよい。とくに西洋ミツバチの巣箱を利用している時は、麻袋を二枚ぐらい冬越しのようにかけて、その上にも発泡スチロール板をのせておくとよい（麻袋はきつくヒモでしばる必要はない）。雨よけのトタン板の間には風通しのよくなるよう、そえ木を二本渡しておく。

③外敵の防除

アリやスズメバチの来襲はアリよけをまいたり（ただし、蜂に害のないタイプ）、スズメバチ捕殺器をすぐとりつける。最近は大スズメバチ、キイロスズメバチ両用のよいものが出ている。その他、盗蜂による逃去は度合いによっておさめる技術はあるが、一番よいのは、盗蜂にあった巣箱のすみやかな二キロ以上の移動であろう。おそいにきてるハチの箱が特定できたらば、その群の巣門の一時閉鎖や空巣のとりはずし、そして給餌がかなり有効である。

逃去は他にも思いがけない理由で起きることもあるので正確に状況判断し、解決する。場合によっては私共に連絡いただきたい。逃げ出すと、とくに町中で飼育している場合地域住民にこわがられ、ひいては日本ミツバチ全体のイメージを悪くしてしまうから個人の問題にとどまらない。『自然に帰した』などと言っていられないのである（逃去や分封に驚いて車が事故を起こすこともあり得る）

(4) 他にも使い道のある網室の利用

網室は大げさなつくりなので作るのに気おくれするかもしれない。ところが逃去をくり返す群や、開花が少なく、蜂が蜜の匂いに過敏になっている時の採蜜や巣箱の移し替え作業、分封群の巣箱への慣らしなどに非常に便利なものといえる（図3—14）。

網室をつくる場合の条件は床面積で一八〇センチ×一二〇センチくらいは作業するうえで必要である。また、組立て式にすると保管に場所を取らない。網室を組立てる時は、入口を太陽と反対側にすると蜂は明るいほうに蜂球をつくるため、人の出入りに邪魔にならず、また、作業がしやすくなる。ただしアミは枠の内側張りにしたほうが、蜂のもぐり込みがないので作業しやすい（図3—15）。

他人から貸りた巣箱に分封群を収め順調に産卵が始まったが、巣箱の返還をもとめられた。巣箱の移し替えをすると逃去される可能性があるので網室を利用してみた。一週間目に新しい箱で営巣を始めるまでの間四回網室の中で逃去をくり返した。これは充分な蜂児枠がないのに、ほとんど空巣枠だけに巣づくりをさせようとした、これが逃去をくり返す大きい原因と思われる。もしこの時、蜂児枠を一〜二

図3―14　網室と蜂群
ミツバチは明るいほうの上部に蜂球をつくる

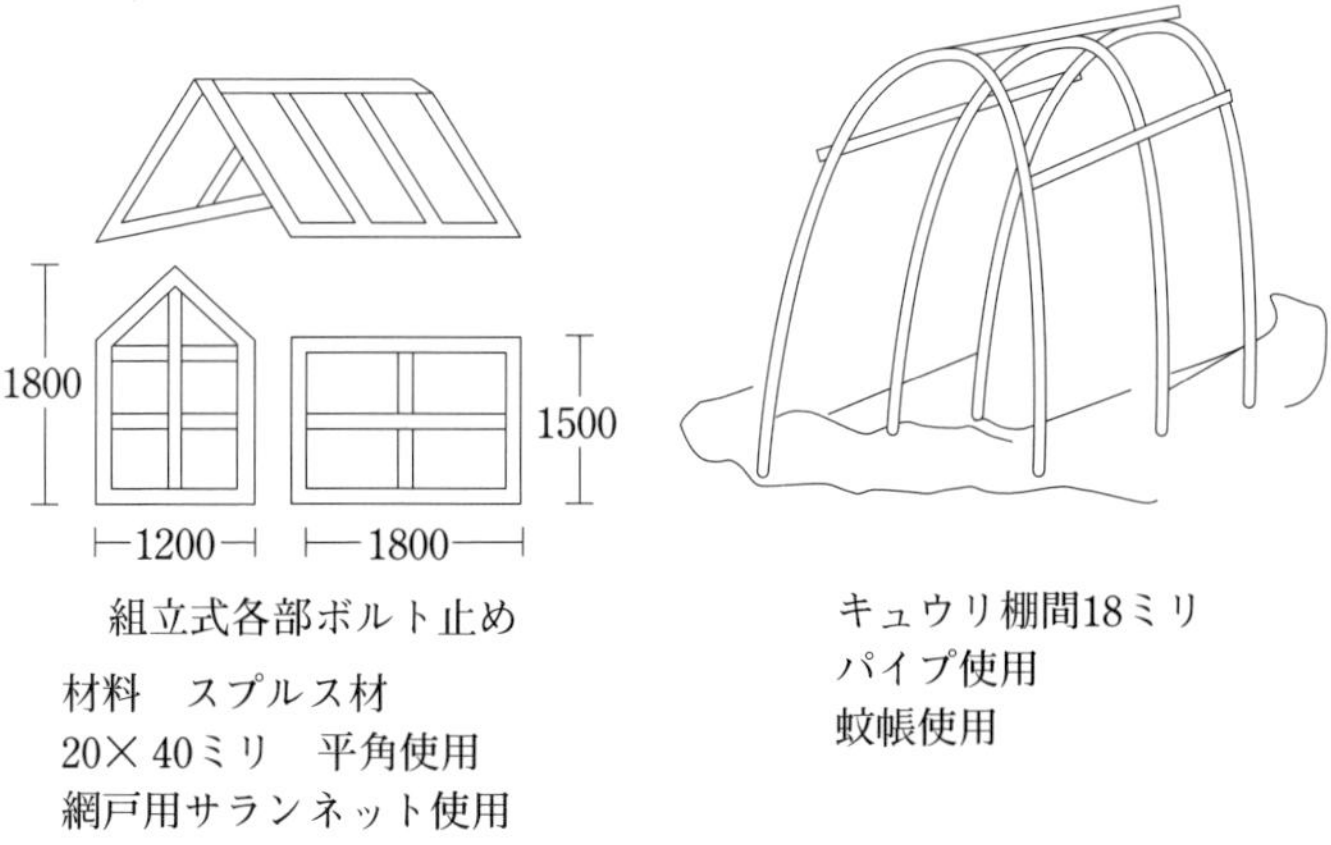

図3―15　網室のつくり方

枚入れられれば、網室を使わなくとも新しい巣箱に着ち付いたかもしれない。いずれにせよ、網室があってよかったことはいうまでもない。

網室で逃去した群は日中は蜂球のままにして夜間巣箱に移すようにした。巣箱には給餌器を置きエサの糖液を給餌しておいて、ようやく成功をみた。しかし、この例をふまえても、まだ逃去する群には巣箱の大きさを変えてみたり、また、日中巣箱が直射日光などで高温になってないか再チェックすることが大事である。

6、盗蜂の防ぎ方

(1) この兆候がみられたら盗蜂を疑う

盗蜂とは、蜜不足の群が他群の巣から貯蜜を盗み取ることをいう（盗蜜ともいう）。蜂同士が蜜の盗み合いを一端始めると、場合によっては、ケンカで相打ちになり良群を次々に失うことになる。相手が西洋ミツバチであれば被害は大きいので、注意が必要である。日本ミツバチ同士での盗蜂でも多数の死に蜂を出すが、西洋ミツバチが日本ミツバチの巣に盗蜂に入ったら、貯蜜はおろか、日本ミツバチの腹の中の蜜までねだり取っていく。

数匹の西洋ミツバチが日本ミツバチの巣に入ったら次々に仲間が増え、数にものをいわせ侵入する。同じ飼育場で両種を置くと盗蜂群発生率が高くなるので、かなりの注意が必要である。もし、西洋ミツバチが盗蜂を始めて間もない時は次のようにする（図3―16）。
①巣門に多量の蜜ぶたのろうクズが見受けられる。
②巣門から出たり入ったりと数匹の蜂が走り回って落ち着きがない。
③蜂が巣箱の外側に蜂球をつくっている。
しかし盗蜂以外でもスズメバチの来襲、女王蜂の急死などで、いつもと違った動きをするため、ふだんから注意してそれらの違いを観察することが大切である。

(2) 盗蜂は早期発見、迅速に処置する

盗蜂の被害を受けた蜂群は前記のような状態が見受けられるので、忙しい方でもぜひ夕方～夕まぐれに以下の様な処置をする必要がある（ただし必ずしも全部が一度に起きるわけではない）。
①飼育場の西洋ミツバチと日本ミツバチの入口を塞ぎ、出入りを一時ストップする。
②被害を受けた群の巣門には多数の盗蜂が集まっているので小麦粉などをふりかけ、白い粉が付いた

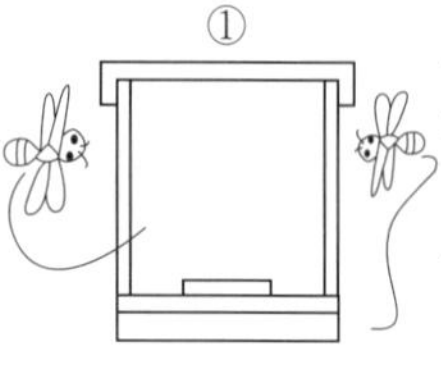

日本ミツバチの蜜の匂いにさそわれてようすをみる

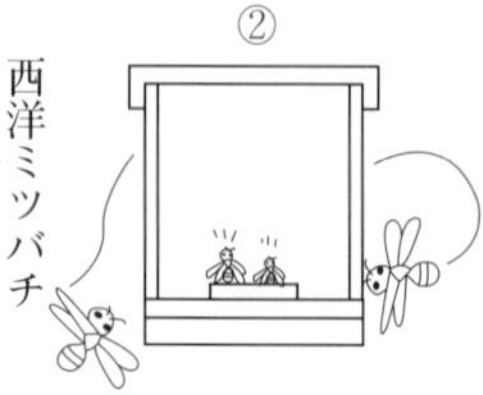

巣門近くを飛来するようになると闘争を始める（この時巣門を3cmくらいにするとよい）

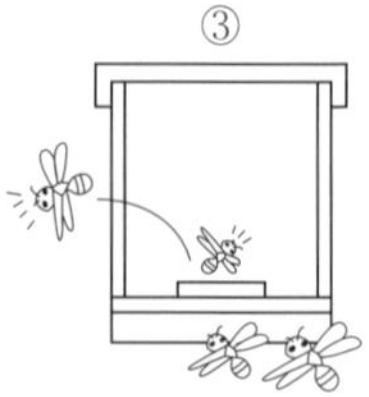

闘争の間に盗蜜に成功した西洋ミツバチは巣に帰りダンスで蜜のありかを仲間に知らせる（この時点までに手を打つと助けることが容易である）

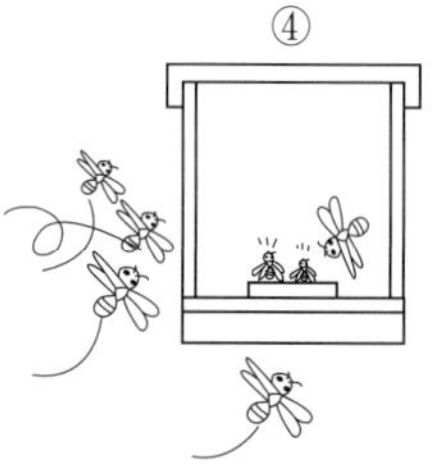

蜜のある所を仲間に知らせてもどると今度は遠慮なく巣の中へ入っていくようになる。多少の争いがあるが日本ミツバチはまもなく無抵抗となる（これ以後は保護ができても，女王蜂が不明になったり産卵中止をすることも多く群の維持がむずかしくなることのほうが多い）

巣門付近に蜜ぶたをかみやぶってできた巣クズが多量に見えるようになると貯蜜はほとんど持ち去られている。巣門では西洋ミツバチが日本ミツバチの口に自分の長い下あごを差し入れ相手の体の中（蜜袋）の蜜までもとめる姿が目に付く

図3—16　盗蜂のようす

（③まで半日，⑤まで1日が目安）

蜂がどの巣箱に戻るか確認する。

③被害を受けた蜂群は内検して、貯蜜量や女王蜂の有無をみる。もし蜜が不足していれば蜜枠を入れるか、給餌をする（入口は塞いだまま）。女王蜂が紛失している時は、他群と合同するか他の群から王台の移植できるものがあれば入れておく。

図3−17　換気用の金網窓

盗蜂などで巣門を狭くしても温度が上がらず，安心

④日本ミツバチは一度西洋ミツバチに侵入されると、その後は無抵抗に近くなるので二キロ以上移動することをすすめる。移動した群に西洋ミツバチが多数混じっていることが多くあり、都合で移動距離が短い時などは、西洋ミツバチが戻りまた盗蜂が続くこともありえる。

⑤盗蜜されていない他の日本ミツバチの群すべては、みんな入口を二〜三センチくらいに狭めておく。こうすると、西洋ミツバチに対して守りがよくなる。日本ミツバチは入口が狭くなったため、巣門をかじる。大群の時は入口を五〜六センチと広くするか、

換気用の網窓をあけておく（図3—17）。こうすると巣に侵入する戦力を分散できやすい。
⑥次に盗蜂群である西洋ミツバチでは、盗蜂した群だけでなく、全群の貯蜜量をしらべる。夜間か蜂の出入りの少ない寒い時間に限る）、蜂が少ししか付いてない空巣はすべて取りあげる。また盗蜂群は他の群より多めに巣枠を取りあげる。西洋ミツバチ全群に夜間それぞれ必要量給餌する。一日で無理な時は二～三日続けて行なうほうがよい。充分貯蜜ができたら、今までどおりの管理に移る。日本ミツバチの巣門は換気用金網窓に西洋ミツバチが来なくなったら元どおりに直す。
⑦予防法とし、花の少ない時期は例年たいてい同じなので、カレンダーで覚えておき前もって日本ミツバチの巣門を狭くしておくとよい（内検の時間を少なくし、他の群の蜂が集まり出したらただちに内検をやめる）。狭くしすぎると蜂が巣門をかじり出す。比較的やわらかい新聞紙を巻いた詰め物で調節するとよい。

尚、普段から内検した巣箱のワキにチョークを使用し、結果を簡略化して書き込むと、次に点検する時便利である。また、蜂場ノートなるものを持ち歩き、蜂量、女王の確認・蜜量・幼虫の状態、王台の有無・日付などを書き、項目別にチェックしておくと次回にとても役立ち、翌年の計画も立てやすくなる。

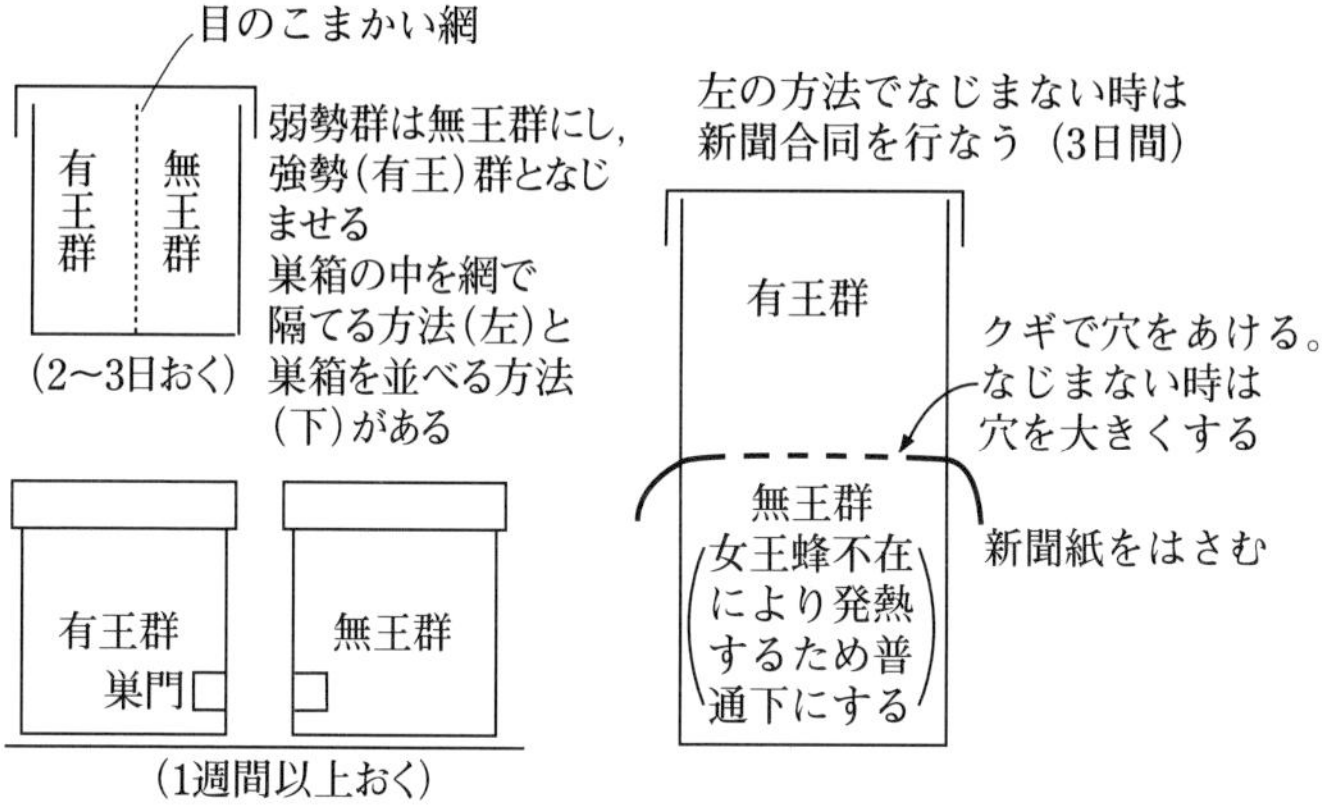
目のこまかい網
有王群
無王群
弱勢群は無王群にし，強勢（有王）群となじませる
巣箱の中を網で隔てる方法（左）と巣箱を並べる方法（下）がある
（2〜3日おく）
有王群
巣門
無王群
（1週間以上おく）
左の方法でなじまない時は新聞合同を行なう（3日間）
有王群
クギで穴をあける。なじまない時は穴を大きくする
無王群
（女王蜂不在により発熱するため普通下にする）
新聞紙をはさむ

図3−18　いろいろな蜂群の合同方法

7、弱勢群では合同を

(1) 貯蜜枠交換でにおいを融合させる

しばらく、いくつかの群を飼っていると、よく、花粉や花蜜を集めて、どんどん産卵もみられ、大群になる群もあれば、最初は同じくらいのボリュームの蜂の群れから始めたはずなのに、さっぱりうだつのあがらない群もある。たいていこういう群は、女王蜂の産卵能力が弱いことが原因であり、一回ぐらいは、サナギなどの巣を他の群から供給して助け舟を出すのも一つの手だが、それでも弱い時は、早めに見切りをつけて、合同を行なうほうが長い目でみると得策のことが多い（図3—18）。

合同すると決めたらまず、その群の女王蜂は、数匹の働き蜂といっしょに王カゴに幽閉してしまう。その後、同巣箱内の隅っこのところに一時吊るしておく。次にその群の貯蜜枠を一～二枚程度、刃物などで蜜ぶたをできるだけひっかいて傷をつける。今度は合同するもう一方の巣箱の、同じく貯蜜枠を抜き、同様に蜜ぶたに傷をできるだけつける。そして、すみやかにそれぞれの蜜枠を、相互交換し、巣内の蜂に蜜がゆきわたるように半日～一日そのままにしておく。

時間がたったら二キロ以上離れたところに、この両方の巣箱を運びどちらか一方の（ふつうは小さいほうの群が手間が少ない）巣枠を蜂ごと、もう一方の巣箱内にはさみ込む。入り切らない時は、継箱をあらかじめ用意して、重ねた上で同様に巣枠を全部はさみ込み合同が終了する。

(2) なじまない時は新聞紙をはさむ

この時注意すべきは、最初、一枚目の巣枠を他の箱の群れに接した時、少しようすを見て、何事も起きず、受け入れられたらすぐ全巣枠をさし込んでしまってかまわないが、こぜり合いや、はげしいケンカが始まったら、互いの巣の匂いが、まだなじまなかったためなので、無理に合同せず、新聞紙を一枚用意して、一方のふたをはずした蜂箱の上にひろげて、片寄らぬようのせ、エンピツの口径ぐらいの穴を二〇～三〇個くらいあけてから継箱を重ねそれにどんどんと一方の巣箱の群れを巣枠ごとできるだけ飛び立たせぬようにしながら組み入れてゆく。

その後、箱の底に残った蜂もブラシで払い込み、すかさずふたをしめてしまう。暑い日には、窓の金網をあける。ふつう三～四日後にはゆっくり、新聞の小さな穴を通して、蜂の匂いがまざり、蜂同士が充分行き交うようになるので新聞紙をとりのぞき、蜂群に合わせた巣枠数の調整を行なう。

(3) 強い香料で攪乱するのも効果的

これらの作業の時間的余裕のない時は、始めから、新聞紙だけはさんで合同することもあるが、敵対心の強い無蜜期には、ケンカの末、死蜂が多く出たり、女王蜂が紛失したりすることもある。さらに元々の蜂場内で行なうとそれは、時に近くの巣箱にまで蜂が迷い込んで、二箱間だけの被害にとどまらぬこともある。これと同じような理由で、同時に二つの群の巣箱を他の養蜂場に移動する時（またはどこからか同時に二群捕えてきた時）数メートル以内に近接して置いてしまうと、もうれつな殺し合いがおき、ほとんど二群とも死んでしまうことがある。

これらを防ぐには、合同（または、蜂同士の出合いがおきる時）に際し、当事者の蜂群が相手の匂いと同じものを共有させておく必要がある。だから貯蜜枠の交換をするわけだがそれが何らかの理由でむずかしい時は、ハッカとか、バニラ、イチゴなど、食材屋にある香料を買ってきて、給餌液にまぜ（一・八リットルに一〇ミリリットルくらい入れる）相方に充分すわせて共有するにおいにさせてから、翌日に各作業をするとよい。

実はこの匂いがまじることが、悪く作用する例がある。それは西洋ミツバチと日本ミツバチを同所的に飼っている時、西洋ミツバチの日本ミツバチに対するほぼ無防備に浸入できてしまう盗蜂行為である。だから逆に、夜のうちに全く異なる匂いの給餌をお互いの巣に入れると、かなりの程度盗蜂はおさまる。少なくとも他群への将棋倒し的な盗蜂はおきなくてすむ。ただし、盗蜂の理由は他にもあるので、もともとの当事者の群は一刻も早く多少の蜂は残してでも夜を待たず日中のうちにでも二キロ以上移動することが一番よい。

8、冬越しの管理

(1) 寒さに強くても冬越し管理は必要

いくら寒さに強くとも、日本ミツバチにも冬越しのための管理は必要である（図3—19）。西洋ミツバチよりも冬に強いとか、自ら選んで営巣したリンゴ箱だから大丈夫というのは早計に過ぎる。

確率的には、生命力が強く、一年通して暮らせるところを見つける力が『種』の単位としてはあるから、何百万年と生き永らえているわけだが、今、自分が所持している蜂が、ほっておいて大丈夫という保証はない。とくに、人やスズメバチ等、時には、熊の被害で、ほうほうのていで逃げてきた、いわゆる逃去群が住みついた場合、元の巣から蜜を運び込めないこともある。それが秋も中晩以後なら、なおさら冬は越しにくい。

働き蜂自身や女王蜂、子供に与える食料ももちろんだが、巣づくりや巣の中の温度保持にもハチミツは必要である。冬にあわてて砂糖水をあたえても、飢え死にさせるよりはましであるが、かなりの疲労を強いることになるし、蜂がふえるわけでもない。体内の生理も狂いやすく、満足のゆく状態で春をむかえることはむずかしい。

図3−19　越冬中のようす
巣門を3cmにせばめ，麻袋と発泡スチロールで保温している（岩手県）

必要数以下の蜂の集合体は、いつもおちつきなく、寒さにふるえる状態で、湿度も呼んでしまうので、巣箱の外の保温と、内側の保温対策の両方ができてないと、集合体の表面部分の蜂が凍って次々はがれ落ちたり、逆に、大騒ぎして異常な熱を発して、真冬にもかかわらず蜜といわず蜂といわず巣底に落ちベタベタになって、全滅ということもある（実は私も一回だけ体験した）。

だから、あくまで冬に強い弱いは西洋ミツバチとの比較であって、それなりの冬越対策をとるに越したことはない。目的は、翌年春生き残ったかどうかのレベルの話ではなく、桜の花の咲き終わる頃には、分封することのできるくらい力強い群にすることである。そのために、夏の終わりからすでに、冬越しを見通した管理が必要であると唱える人もいる程だ。過保護になれ、というのではない。蜂の側の気持ちにならなくては何事もうまくいかないということである。

(2) 給餌は貯蜜が目的、産卵させない

巣の中心部にいた蜂児も次々羽化して巣が空になる。そこに外側に散っている蜜を中央に移動をするようになるので、この時に貯蜜不足の群には濃い砂糖水を与える。そして砂糖水を運ばなくなるまで給餌を続ける（図3—20）。

①少量ずつはだめ

この時期、給餌を少しずつ与えると、また産卵を始める。するとせっかくの若蜂が育児を始めたり、巣づくりをしたりと無理な活動を始める。これでは若蜂の体が老化して春までもたない。幼虫も冷えて死ぬことが多い。したがって考え方として夏生まれの蜂に秋の若蜂を育ててもらい、秋生まれの蜂は体力を保持させて早春に働いてもらうようにする。

図3—20　給餌器

通常のタイプ（上）は巣枠に並べてかける。巣門給餌器（下）は巣門ばかりでなく，巣箱内部にいれて使用できる。トタン製

②砂糖と水の割合

給餌のためにつくる砂糖水は目的により二通りある。一つは夏、育児用に溶かすものである。一：一（水五〇〇グラム、砂糖五〇〇グラムというふうに）につくる。また

越冬用に使用する場合は四：六（水四〇〇グラム、砂糖六〇〇グラム）としてつくる。四：六の配合でつくる簡単な方法は、バケツ等に砂糖を必要量を入れて、次は砂糖と同じ高さに水を入れるとだいたい四：六になる（ざらめ等糖の種類で多少かわる）。

③煮詰めない

砂糖水に熱をかけると早く溶けるが湯煎にするか、湯に砂糖を合わせるほうがよい。直火はだめである。ナベ等の底に砂糖が固まってコゲが入ったり煮詰まったりする。これは黄変して不向きとなる。この砂糖水を給餌すると、越冬中下痢を起こしたり、春の産卵を中止してしまう。また、給餌器に数日たっても残っているエサは発酵していることが多く、これも他の群にはあたえない（においでわかる）。

(3) 寒さに強いのは独立の蜂球をつくるから

日本の国は東西に長く年中何かしらの花が咲いている地方から、半年近くも集蜜できない地方まである。しかし日本ミツバチは、このどちらにも棲んでおり、暑さ寒さに合わせた生活を営んでいる。そのなかで東北など寒地や高地にいた蜂は冬が長いため、独自の越冬方法をみせてくれる。

日本ミツバチの越冬真最中は西洋ミツバチとは違い蜂球の半身を蜂のみでつくりマイナス一〇度前

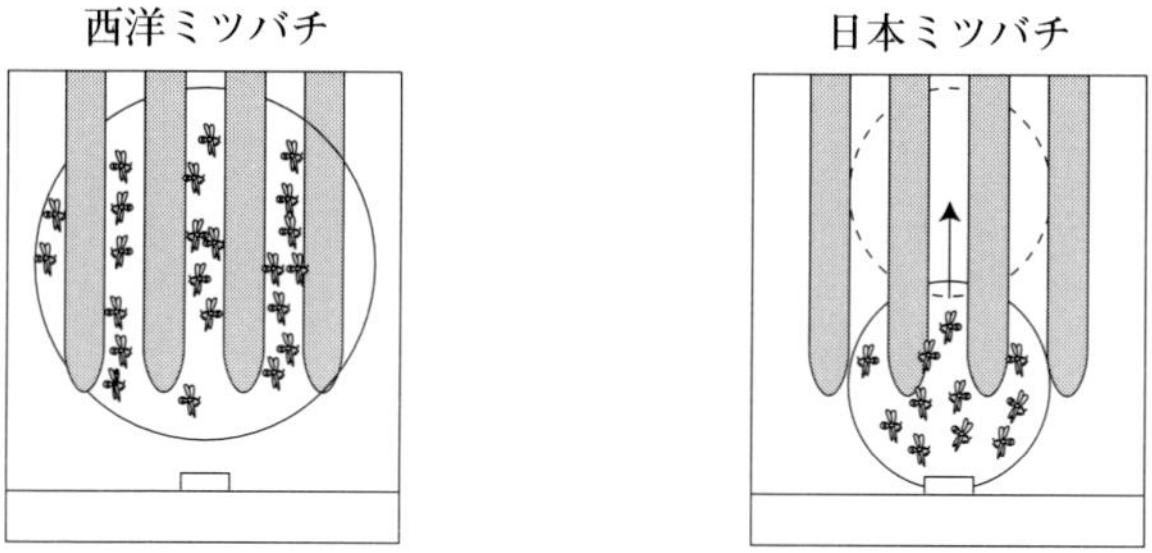

寒さが厳しくなると外側の蜂は内に移動できずそのまま凍死してしまうことがある

寒さが増すと蜜のない最下部に蜂球をつくり，蜜を食べ空巣はこわして上部に進むため巣房の中心に蜂球が入り食料を皆で分けあえて，さらに保温効果が高まる

図3—21　冬越しに強い日本ミツバチ

後にもなる極寒の冬を生き抜いている（図3—21）。一方西洋ミツバチは巣房の間に完全にはまって入って冬を過ごすので外側の巣房にいる蜂は、真冬日のような長い寒さに対して耐寒性が悪いため、体が動かずそのまま死亡することもある。そこでしっかりした保温が絶対に必要になる。日本ミツバチが極寒地の厳しい冬を無事越冬できるのは、このように西洋ミツバチとは異なる方法を身に付けられたことが大きい理由の一つであると思われる。

日本ミツバチは、独自とも思える方法で上手に越冬するがそのためにも質のよい貯蜜をしっかりもたせることが大切である。関東以南であれば入口を三～五センチくらいに狭めるだけで越冬できると思われる。北東北の場合は、寒さもきびしく丸太づくりの巣のように側面の板厚が充分あればそのまま入口を狭めるだけでもよいが、普通の西洋ミツバチ用（一・五センチくらいの薄手）巣箱ならば、保温資材を巻いて寒さを少しでも防ぐ配慮がほしい。

(4) 越冬中は被覆や巣門調節で保温

①保温の目的

巣箱に保温材を使用すると巣箱内の温度の変化が少なくてよいように思えるが、全面厚く保温材を使用すると、太陽からの熱の伝導がないため真冬日の長い年は、凍死や餓死の被害が出る。また、春の産卵開始が遅くなりがちである。日当たりのよい巣箱は産卵も早く始めるのが普通だ。両方を組み合わせ日当りのよい側一面のみ保温材を使用しないで後は保温をしっかりすることがコツである。それは真冬日でも太陽の光のエネルギーが巣箱の板を暖めてくれるので日中に蜂たちが巣内の貯蜜部に移動しやすいからだ。巣内が移動できないほどの低温が数日間続くと、蜜を充分もっていながら餓死もありえる。

②被覆資材

保温用には稲ワラ、モミガラ、発泡スチロール、麻袋等使用できる（図3—22、23）。稲ワラは立てて使いモミガラは外箱をつくって巣箱と外箱の中間に入れ、外に出る連絡用トンネルをつくる。

図3－22　麻袋による被覆

交互にかさねるようにするとよい
巣門側の面だけ被覆しない（南向き）

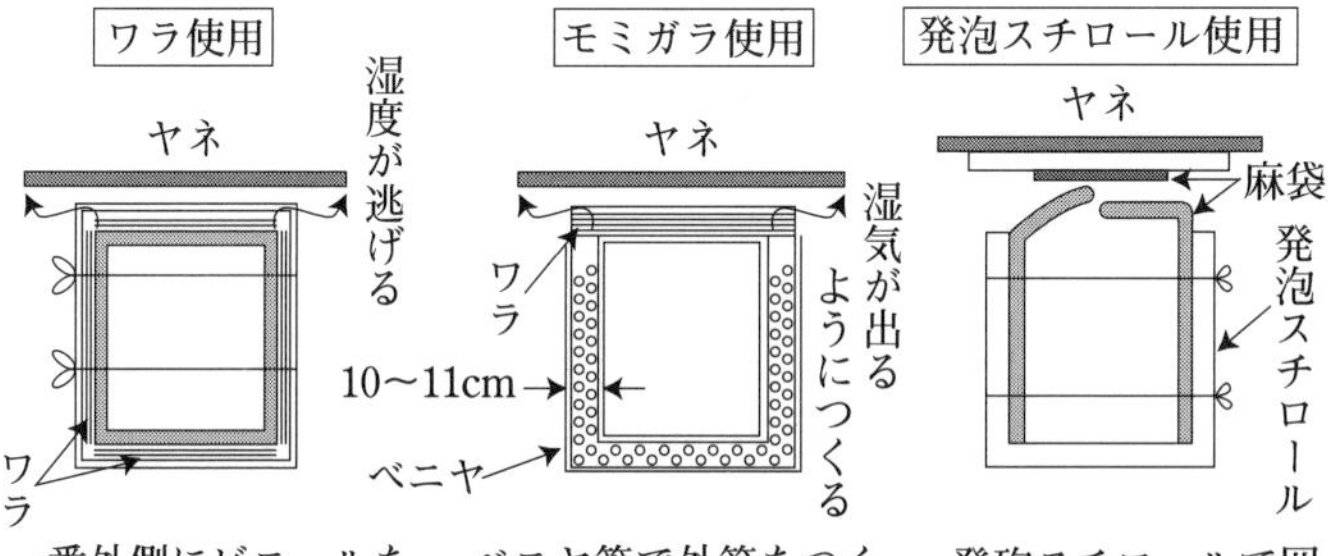

一番外側にビニールを巻くと雨を防ぐことができる

ベニヤ等で外箱をつくりモミを入れる。ふたの上はワラを使用すると点検がらくである

発砲スチロールで囲う。内側の麻袋はふたの部分で両開きになるようにすると後で点検しやすくなる

図3－23　資材別保温質理の方法

図3—24　蜂の糞
晩秋から早春まで，巣の前面・周辺。とくに白っぽいカベは汚される

また、発泡スチロールは麻袋（二〜五枚）を巻いた上から使用すると湿度や温度の変化がゆっくりになり、蜂にストレスを与えなくできるし、すきまかぜが入らず収まりがよい。

越冬準備作業中は巣門を塞いで行なうと蜂の飛び出しがないため作業能率がよい。作業が終わったらすぐ出入りをあけておく。また、全作業が終わった後再度入口があいているか確認する。この作業が終わると越冬に入る。

③人工巣での注意

人工巣で飼育されている群を越冬する時は、中心の巣枠二〜三枚を貯蜜された自然巣枠と取り替えることでうまく越冬する。古来日本ミツバチは寒さのなか、生きぬくための手段として蜂だけで蜂球をつくり、空になった巣房を噛み壊しながら巣の中ほどで静かに春を待つ習性があるので、越冬に使用する巣が噛み壊すことのできないプラスチック製などの人工巣の場合、蜂数の少ない日本ミツバチにとって防寒の妨げになることがある。今後、一部に穴をあけるなどの加工がされるとよいかもしれない。

④巣箱の置き方

冬期間はミツバチたちはたいてい巣の中で静かにしているが、悪天候でもなければ脱糞のために昼前後（午後のほうが多い）、外に出ていく。晴れていても外が寒い時はすぐ近くで用をすまして、巣に戻るが、天気がよければ多少遠くまで飛び回り（二〇〜三〇メートル）、洗濯物などを汚すこともあるので始めから巣箱の置き場を考えておく必要がある（図3—24）。

9、外敵の防除

順調に増えてきた蜂の群に大きな被害を与えるのが熊や大スズメバチである。彼らの生活圏に大好きなものを置くため、必ずといえるほど食害を受ける。熊は一度味をしめるとまたほとんど次の日も来るので被害が大きくなる（図3—25）。

図3—25　ミツバチの巣は熊の大好物
生木をさいて日本ミツバチの巣を食べた跡。執着の強さに圧倒される

(1) 熊を防ぐには電柵が最も効果的

熊には電柵を使うのが効果的で、市販されてもいる。しかし、「電線を三段に張ったが、熊が穴を掘って入った」などの実話もあり、穴掘りを防ぐためには電線を三段に張りその他に手前五〇センチくらいのところに、下一段目と同じ高さにもう一線張ることで初めて防ぐことができるようである。この電柵に下草がふれると電気が逃げるので常に下草は刈り取る必要がある。

電柵は市販品で乾電池（六本九V）を電源としたものから、バッテリー（一二V）やバッテリーとソーラーパネルの組み合わせたもの、家庭用一〇〇V電源などを利用

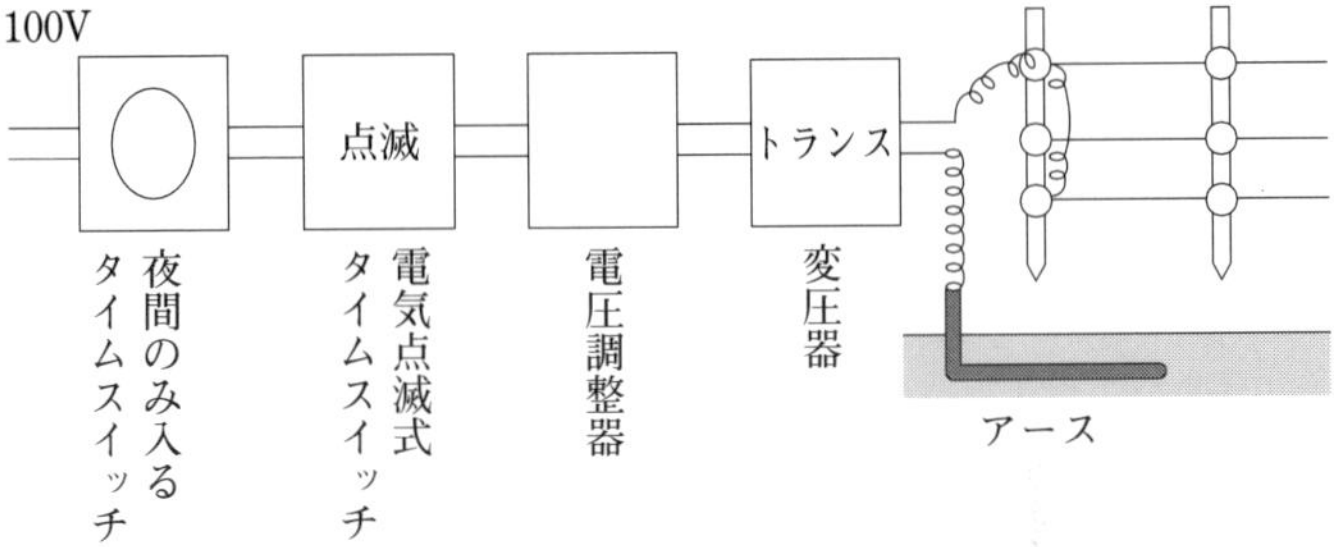

図3−26　手づくり電柵の例

して、五〇〇〇〜七〇〇〇Vのショックを与えて侵入を防ぐようにしたものがある。この電柵は、電気にくわしい方であれば、電気製品の部品を使ってつくることもできる（図３―26）。手づくりの場合当然ながら、人に安全であること、熊に有効であることがもとめられる。市販されている製品は、研究されて製造されているので、すべてがコンパクトに仕上がっており安心して使用できるが、手づくりの場合は、寄せ集めのため物量も多くなる。

熊が電柵の中に入った自分の失敗例を挙げると、電柵ワイヤーを四〇センチ間隔に張ったが侵入されたことがある。そこで二〇センチ間隔にワイヤーを張り足すことで防げた。この時の熊は翌早朝、今度は、立ち上がって入ろうとしたらしく上部二本のワイヤーが大きく垂れ下がってしまったがさすがに入ることはできなかった。いずれにせよ、予防のほうが、一度ハチミツのうまさを教えてしまうより効果は大きい。

電柵は巻末に専門店が記してあるので連絡するとよい。バッテリーか、直接電信柱からとることもできる。なお、日本在来種みつばち正会員になると割引制度もあるので利用してほしい。

(2) 電柵以外で熊から蜂場を守るには

対策として、もし、一度、味をしめた熊の場合はしつこいので地元の役所の協力のうえで捕らえて、トウガラシのオイルをふきかけて嫌がらせをしてから、逃がし、蜂場の電気の柵の周りにもしばらくこのオイルをまくとなお安全である。熊は記憶力がよいので二重の対策となる。

また、山奥で足場が悪く、電柵設置がむずかしい時は、有刺鉄線を大きくからめて二重にまわすとだいぶ効果がある。飼育箱が数箱ていどでは、電柵にお金をかけるわけにもいかないので、ユニークな方法を紹介する。それは太めの独立した木の高さ、二・五〜三メートルくらいのところに、木を傷つけないよう、ささえの台をした上に設置する。地面には、鉄のバラ線を木をとりまくように布設する。

その他いくつかのパターンはあるが、観察するときや採蜜するときは、脚立かはしご、または、簡単な移動式階段を使って作業する。ただし、くれぐれも下のバラ線に落ちないように配慮する。また一箱、二箱ていどなら、秋田犬の檻をクイなどでしっかり固定して飼うこともできる。他にアイディアがあれば知らせて頂ければありがたい。

(3) スズメバチは捕獲器の設置で防ぐ

スズメバチが多数飛来するようでは、ミツバチは、活動を停止してついには逃去することもある（図3―27、28、29）。網で取る方法は確かではあるが、捕獲器の設置も有効である。

図3―27　日本ミツバチを捕らえたキイロスズメバチ
近くの木にとまり，肉だんごにして巣にもちかえる

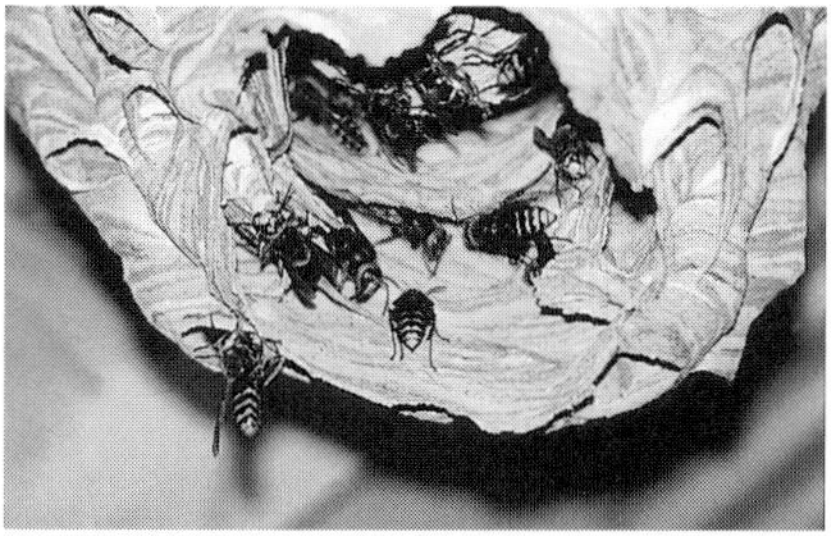

図3―28　モンスズメバチの巣
小屋の天井につくられたもの

図3―29　キイロスズメバチの巣
3mほど近づいたら巣内でさわぎ出し10数匹が攻撃してきた

図3－30　スズメバチ捕殺器
折りたたんだ状態

①キイロスズメバチ

キイロスズメバチは数が多いのでペットボトルを利用して、手づくりでつくった特別製のエサを入れた器具で捕獲している方もいる。ペットボトル捕獲器は、ミツバチの飼育地数カ所に吊るしておく。一匹入れば次々捕えることができる。ペットボトル捕獲器は次のような手順でつくる。

①ペットボトルはなるべく凸凹の少ないものを選ぶ。
②ペットボトルの上部に三センチ×一・五センチくらいの穴を二～三個あける。
③エサはハチミツ、お酒と少々の酢を入れる。これをまぜてペットボトルに深さ二～三センチくらい入れて吊るす。その他にブドウやナシの皮やカルピスを入れてもよい。
④ハチミツを使用する場合は匂いの強いものがよい。酢は必ず入れる。酢を入れるとミツバチがペットボトルに寄ってこない。

②オオスズメバチ

市販されている〝スズメバチ捕殺器〟を利用する（図3—30）。古いタイプの捕殺器の中には捕殺率のよくないものもあるので、改良型を使う。最近は大スズメバチだけでなく、キイロスズメバチもたくさんとれるものがある。この捕殺器は、多少ミツバチの活動の妨げになり貯蜜も減るので、必要な時期と数だけ設置する。

10、年間の作業ポイント

(1) 一～二月は巣箱の修理、製作の好期

一月はトラップ用巣箱の修理や新しい巣箱の製作に最適の時期である。トラップに使用する巣箱は一度営巣したものにすると蜂群がよく誘引される。その際、トラップ用巣箱の内側を火で焼いたりしないこと。蜜ろうが付いていたほうがよく利用してくれる。新しい巣箱をつくる時のポイントは次のとおり。

①板は木裏を外側にするとそりが少ない。

②巣箱は湿乾差が大きいと板が動くので、ふたなどのアソビ（余裕）が三ミリは必要。
③組立てに使用する釘は止める板の三倍以上の長いものを使用する。サビる釘のほうが板の止まりがよい。

二月は東北では一番寒い時でもあるが、小春日和の時など二〇～三〇メートル飛び回り脱糞するため、近くの洗濯物など汚すこともある。南国では一月中から小さい蜂児圏ながら産卵を続けている群もある。二月になると産卵が活発になる。北東北地方では小群に産卵を始めるのが見られる。

一～二月は暖地では、ツバキやサザンカが咲く頃だが、寒地では雪が積ることも多い。雪が巣門を埋めつくしている時は静かにていねいにまわり一メートルぐらいの雪をとり除き、巣門部分の雪をそっと払う。とくに雪でうもれたままで急に暖かい日になると、蜂同士の熱も手伝って暑くなり、巣箱の中が騒がしくなる。すると、急に飛び出し雪上に降りてしまい、冷えて死ぬ蜂が多くなる。また、雪の反射光で蜂が目をくらませて、巣門の位置がわからなくならないように、入口付近に色のついた布などを一時的に敷くのもよい。

(2) 三～四月は内検で蜂群の状態把握

三月初旬は北国の日本ミツバチの育児の始まりである。蜂児のいる群は花粉集めに大忙しである。

天気のよい日をみて、内検する。巣箱の回りに残雪があれば除雪してからにすると落下による凍死を減らすことができる。なお、可動式巣枠箱で飼っていて蜜不足の時は貯蜜枠を入れると大変らくである。また、砂糖水の給餌などは、蜂球のそばに浅い入れ物に入れて置くとよく運ぶ。

中旬になると、どの群にも蜂児が見られるようになる。巣箱の底の巣クズはきれいに取り除くこと。また、日本ミツバチの分封時期に合わせるため、キンリョウヘンを外気温に馴らす。下旬は花粉集めの蜂で出入りが多くなる。クロッカス、福寿草、フキノトウ、花粉代用のキナコにも西洋ミツバチとともによく飛来する。

四月になると暖かい日は朝から花粉ダンゴを付けた蜂でにぎやかになる。花粉ダンゴの量がその群の勢いを表わしている。出入りの少ない巣箱は要チェックだ。この時期に分封群捕獲用トラップを仕掛ける。

中旬、梅が咲くとキナコを入れたエサ台におとずれる蜂がウソのように来なくなる。下旬になると桜が開花し、東北はこれから六月いっぱいは継続的に多量の流蜜期に入る。突然の分封などに対処できるよう巣箱など必要品を準備しておく。

三～四月は夕方まで暖かい温度の続くことを天気予報で確認したうえで、午前中のうちに巣箱の内検を手際よく行なう。蜂球の蜂たちを巣の底に落とさぬように注意する。内検は一週間に一回、次の点に留意して行なう。
・順調に産卵、育児が行なわれているか。
・ハチミツが二枚以上の巣にわたってずっしり残っているか（四〜五キロ以上）。
・雄蜂が目立ってたくさん発生していないか（無精卵によるものではないか調べる）。
・女王蜂がケガや亡失をしていないか（必ず見つけようとはしないこと。卵や幼虫、サナギで判断できる）。
・巣箱の下が巣くず、蜂の死がい等で汚れていたら、蜂をさわがせないようにしながら除去する。

(3) 五〜六月は採蜜開始、女王蜂更新

五月上旬ごろに今年生まれた蜂で巣が覆われ、蜂児圏が最大になっている。この頃に雄蜂がよく見られるようになる。リンゴ、菜の花、ボケ、山ツツジが咲く。巣枠式で飼育している群は空巣補充のタイミングを誤らないようにする。巣礎枠を与えて造巣させる。

中旬になると巣門周辺に付く蜂が多くなる。このようになると巣の中では五〜七個ほどの王台が育っているものである。下旬頃から本格的な分封が始まる。第一分封は大群で巣分かれをすることが多いので逃すことがないようにする。この時期、巣枠式飼いの一回目の採蜜が可能である。一度

に全蜜枠の採蜜をせず日を変え二回に分けてとる。トチやグミの花が咲くころである。

六月上旬になると分封の最盛期となり、飼育群は一群を三群程度に人工分割して殖やす。春から、それほど若蜂が増えない群は女王蜂を取り除き、強群の王台を入れ女王蜂の更新を図る。アカシアの花が咲くころである。

中旬になると東北は梅雨入りの時期でふた掛けしている蜜枠が多ければ、二回目の採蜜が可能である。ただし、採蜜などで騒がせ未交尾の新王が不明になることもあるので注意する。キハダの花、キイチゴの花が咲くころである。下旬にはクリの花が咲き始まるので採蜜した群に充分に貯蜜させる。他にカキ、シナノキの花が咲く。

王台が成熟して分封が行なわれるのは、大変喜ばしいことだが町中で飼育しているものを自然にまかせて分封させると大変である。前もって二〜三箱に分割する用意をする。

分封を抑えるには採蜜を行なって分封の気運をそぎ、王台も最小限の二個程度まで減らす。ただし、もぎとっても、また新しい王台をすぐつくり、らちがあかないので、針などで王台の中の子供を殺し王台はそのままにしておく。するとしばらくはだまされてそのまま王台をつくらないので管理しやすい。ただし、自分が忘れないようわかるよう何か印をつける。そのうえで人工分割すれば希望どおりの分け方ができる。

(4) 七〜八月は貯蜜不足、逃去に注意

七月初旬は分封時期の終わりのほうであるが、遅いグループの分封が時折あるからトラップの見回りをする。中旬はつゆ明けにあたり流蜜が細い。貯蜜の少ない群は逃去するので給餌をして貯蜜に余裕をもたせておく。

下旬になるとビービーツリー、ヒマワリ、ウリ科の花が咲く。これらの花は、この時期大変貴重な蜜源となっている。この時期からスズメバチや熊の被害が多くなるので注意する。

八月初旬は丸太や重箱式など自然営巣している群の採蜜時期である。この採蜜作業をしながら同時に今年トラップに入った群を巣枠式巣箱に移すよい機会でもある。ハギの花、コスモスが咲く。中下旬は採蜜した群など中心に貯蜜の少ない群に対してうすい砂糖水を与え産卵をうながす。

梅雨時期の前に採集されるハチミツはたいてい香りもほどよく、同じ種類や西洋ミツバチとの蜂同士の争いもほとんどないものだが、梅雨中や、それ以後八月終了ごろまでの花は、植物同士が、強烈な匂いで虫たちを誘うというよりうばい争うのか、集められた蜜は、かなり独特の味わいや香りのものが多い。これらを、単に蜜が入ったからと、いっせいに採集すると、他の巣箱の群、とくに西洋ミツバチの群が近くにあると、採集時、時には点検時間の一瞬のすきに盗蜂ぐせをおこさせ

てしまう。この時期に蜜の採集を行なう時は慎重に、しかも抜きとり採蜜とする。採蜜は夕方遅くに行ない、蜜は半分以上残すこと。

(5) 九〜十月は盗蜂、スズメバチに注意

八月に続いて、産卵を活発にするよう管理をする。スズメバチの飛来が多くなると、蜂の活動が鈍るので見回りをして、小まめに捕獲することが大切である。

十月になると花の数も少なくなるとともに産卵数も減ってくる。巣の中では、貯蜜の整理が行なわれ、外側の巣房にある蜜は中央に寄せ集められる。巣枠式で飼育している場合は貯蜜枠と蜂児のいる枠だけ残して余分な巣枠を取り除き、給餌が必要な群には濃い砂糖水（水四：糖六）を与える。同じ飼育場に貯蜜不足の西洋ミツバチの群があった時は、夜間給餌をして充分に貯蜜をもたせてから、その後日本ミツバチの給餌をする。

九〜十月、暖地では、まだまだ、さまざまな花が咲き、地域ごとに各種の花ごとの採蜜も可能である（ただし、可動式（人工巣）による採蜜でないと、巣の再建による負担が大きい。寒地では、ソバの花や、ところによりハギの花も期待できる。しかし温度や湿度その他の条件で全く入らない年や地域もあるので、餓死が起きるのもこの頃だ。給餌は働き蜂が飢えてからでは、女王蜂の産卵

力が低下してしまい回復するまで、相当、日数を要する。少しずつでよいから早め早めに与える。

盗蜂を防ぐにはハッカのにおいや、イチゴエッセンス、アーモンドエッセンスなど洋菓子の材料をどれか一種類約一％程度糖液にまぜて与えるとよい。一回の糖液（約一〜一・五リットル）を、二回以上、同じ時間夕方から夜にかけて与えると、時間を記憶する能力があるので、日中は、もっぱら花粉を集めて、子育てを積極的にするようになる（二〜三日かかる）。そのようになったら、今度は日本ミツバチに夕方から夜、西洋ミツバチに与えたにおいと異なるエッセンスを同様にまぜて糖給餌を行なう。これは人工的に、蜂の訪れる蜜源花を変えたことと同じで、盗蜂が始まった程度の時であれば、かなり有効な盗蜂防止策になる。

スズメバチ対策は、いつも見回って手網でつかまえるヒマもない人が多い。そういう人には、ミツバチの巣門前にとりつけるスズメバチ捕獲器が市販されているのでおすすめする。ただしミツバチの飛行はだいぶさまたげるので貯蜜は減りやすい。必要な時期に必要な分だけとりつけるべきだ。ちなみに、六箱ぐらいミツバチを飼っていても、全群にとりつける必要はあまりない（よほどスズメバチ多発地は別だが）。最初に数匹のスズメバチ（同じ種のものがよい）をとらえ、その捕殺器に入れると、匂いのせいか、その巣箱に集中するのだ。蜂は死んでいても時間のたっていないものなら使える。後は、どんどん入る。

(6) 十一〜十二月は冬越し、保温に心がける

十一月は保温のために、巣門を三〇〜五〇ミリにせまくする。一五〜二〇ミリメートルの巣箱では、ワラ、モミガラ、麻袋などで保温し、巣箱の中にもワラの束、発泡スチロール等をさし込み、越冬の準備を終える。

十二月に入ってさらに温度が低くなると巣の中で日本ミツバチは中央に集まりやがて巣房の最下部に蜂球をつくる。お互いに体を寄せ合うことで、少数の蜂でも北国の長い冬を越すことができる。蜜を食べた後の空巣はかみ捨てるので、春までにはかなりの巣クズが底にたまることになる。午後になると定期的に外に出て脱糞をするようになる。巣箱が、もち上げられるタイプであれば、ふだんからその巣箱の重さを、覚えておく。夏の間どんなに巣の枚数が増えても、この時期には、そろそろ、蜂（蜜）のあまりつかない巣枠は取りはずす。多くて八枚、少なくて五枚くらいにする。

給餌は一回一・五リットルくらい六：四で三〜四回、二週間くらい夕方に行なう。産卵をうながす給餌ではないが働き蜂の数がどうしても、冬越しに足りないと思う時は、給餌後、三〜五日ぐらいして貯蜜枠を一枚抜いてから空巣ひ枠を一枚だけ貯蜜枠の並ぶ中心あたりにさし込む。そしてできるだけ防寒と、可能であれば人工代用花粉を巣の上に入れて、産卵させ増群させる。

餓死の時は、巣房にたくさんの蜂が頭をつっこんで死んでいる。凍死はたいてい少ししめった状態で、一部の蜂は巣底にも落ちていることが多い。雪のふる前に、巣箱の上のトタン屋根が風でとばないか、よく点検する。トタンの下はやはり、発泡スチロールをはさむ。とくに寒い地域では、巣枠を中心によせて両脇のへやの隙間には発泡スチロールやワラを少しずつ束ねたものを、蜂を圧ぱくしないていどに、つめる。巣門は大きくても三〜五センチに縮めること。ねずみの害やイタチの害のあるところは、細かい金網を箱にはりめぐらすとよい。

第4章　蜜の採取から精製、販売まで

1、採蜜の方法

ミツバチの飼育は蜂が元気に活動しているのを見ているだけでも充分に楽しく満足させてくれるが、白い蜜ぶたがされた巣箱いっぱいに貯まったハチミツは蜂を飼育する者にとっても最高のよろこびである。順調に育った蜂群は流蜜期は充分な貯蜜をしている。

(1) 季節による採蜜のポイント

日本ミツバチの採蜜はいつ頃がよいか、これは同じ飼育方法でも、地方により流蜜花の量や開花時期また、花の種類に違いがあるので、一概にはいえない。さらに巣枠式と非巣枠式飼育法の違いでも採蜜時期が違ってくる。地方により春どり、夏どり、秋どりが行なわれており、したがって自分の飼育方法に合った採蜜時期、採蜜方法を見つけるのが一番である。ノートの記録が大切。二年目からは、計画的に養蜂ができる。

①春どり

春の採蜜は北国ではあまり行なわれてない方法だが、越冬と早春の育児に貯蜜が使用された後の採蜜のため、次から次に春の花々が咲き乱れるので取り過ぎによる失敗も防ぐことができる。去年からの自然の蜜が残っていれば、ハチミツ中の含水量は極端に減り、糖度の高いハチミツが得られる。しかし、この時期の蜂群は繁殖期に向かって育児の真最中のため蜂をおどろかすとり方は避けたいところである。

②夏どり

五～六月末の初夏の採蜜は西洋ミツバチでは一番の採蜜期になる。日本ミツバチでも西洋ミツバチ式に巣枠を使用して飼育している群は分離器を使用して流蜜に合わせて二回はとることができる。

この時、貯蜜と蜂児が一緒の巣枠では、全枠を分離器にかけると、蜜不足や巣房のよごれなどの原因により、逃去する可能性が高くなる。そこで逃去を防ぐためには一枚おきに採蜜する。

この時期のハチミツは、花により大変おいしい蜜がとれることがある。しかし糖度が低いこともあるので糖度が七八度を下回る時は度数の高い秋蜜と混ぜる方法や加熱する方法、要冷蔵保存など手段を講じる必要がある。

③秋どり

盛秋から晩秋の採蜜は蜂児が少なく、その分巣には多量の蜜が貯えられるが、採蜜は越冬と春の育児分の蜜を充分巣内に残すように計算したうえでとれること。分離器を使用する可動式巣枠ではとくに朝夕は気温が低いため分離器に入れてもきれいに蜜がとれず、そのほか、他の季節より蜜に対する蜂の執着心が強いので蜜の匂いにさそわれタンク内の蜜に蜂がおぼれたり、蜂同士の争いが起きたりで、この方法での採蜜は寒い時には良い方法とはいえない。どうしてもこの方法で採取する時は、暖めた部屋を用意し、そこで蜜枠を持ち込み暖まってから作業したほうがよい。ただし、ストーブ等に無理に巣を近づけると巣自体がとけ出す危険がある。

(2) 古式による自然巣からの採蜜法

①採蜜時期

丸太飼い式の採蜜は、夏の終わり〜初秋に行なう。この時期はある地域では、初夏からの蜜で貯蜜量も群によってはとても多く糖度も安定してくる。地域によって秋の認識がちがうので、ここでは仮りに青葉に勢いがなくなりコスモスが咲き始める頃とする。この時期の採蜜をする利点は、採蜜後秋の花で若蜂を増すことができ、さらに越冬用の貯蜜もまだ充分に期待できるからである。

②可動式巣枠への移し替え

またその年の分封で自然巣をつくっている群は採蜜も兼ねながらの可動式巣枠に移すチャンスでもある。ちょうどこの時期は蜂群もふつう蜂児圏を大きく持っているので、この蜂児の部分の巣脾（完成された巣）をそっくり針金付巣枠にくくりつけて採蜜後の群に移すことで母性本能？を利用し逃去を防げる。ただし、巣枠に巣ひを移す時、貯蜜を含めると重さでうまく巣枠に付けられないので、貯蜜はできるだけ取り上げる。よくエサとして返そうとするが、時にハチミツの香りが強いことや群れの落ちつきがないと、扇風行動が強いため、周囲の他の群から盗蜂を誘発して失敗する。くれぐれも給餌はにおいの出にくい砂糖液がよい。

一般に採蜜、蜂の移し替え後は、翌日からの活動具合ですぐ群の安定度がわかる。出入りが少ない時は要注意である。昼前にすでにいなくなることがある。そういう時は分封と同じくすぐ近くの太い枝に一時的に集まっていることが多いのでよく探す。また、木に分封回収器を仕かけておくとそこに集まる。

③給餌の方法

一対一の砂糖水を少量ずつ給餌すると育児が進む。給餌量が一気にふえると蜂児圏を圧迫して、女王蜂が産卵できなくなり、秋の若蜂づくりが失敗する。すなわち冬越しのための強い群れが形成できず凍死や餓死を招く。秋中頃以後に生まれた蜂が翌年春まで巣を守るからである。この早い時期の採蜜はその後の給餌によって蜂群をまだ充分育てられる点が強味である。秋中頃から晩秋の自然の貯蜜はほとんど越冬用暖房エネルギーと早春の育児に使われる。最後は糖度の高い砂糖水を与えて貯蜜を充分にする。

④採蜜法

秋季の採蜜に最も適した巣箱は一般的に重箱式と丸太式である。重箱式は上から一～二段取り下部に別の空の重箱を入れるだけで作業が終わる（図4―1、2）（冬越しの分の段は絶対とらないこと）。丸太式では巣の落下防止のための棒の有無により二通りのとり方がある。落下防止の棒がない場合は、巣房を一枚ずつ取りはずして採蜜する。落下防止の棒が付いている場合は、上部の貯蜜部分のみとり出す。それには巣の上部を斜め下になるよう逆さにして、コンコン丸太をたたき蜂を追い上げてから貯蜜部をとる。逆さにする時、巣がよじれて倒れない方向に半

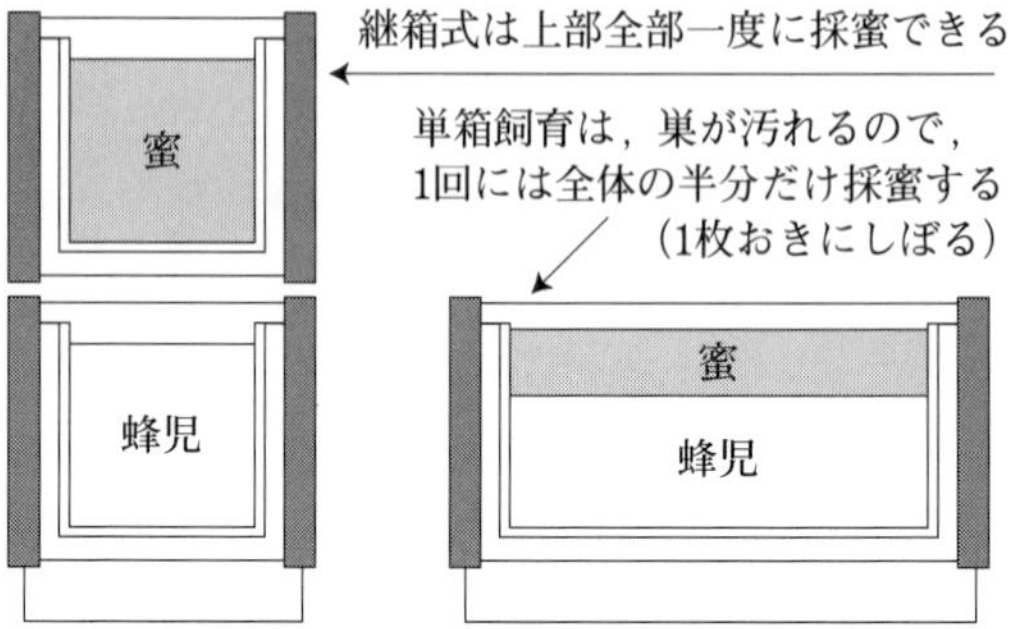
継箱式は上部全部一度に採蜜できる
蜜
蜂児
単箱飼育は，巣が汚れるので，
1回には全体の半分だけ採蜜する
（1枚おきにしぼる）
蜜
蜂児

図4―1　採蜜が便利な継箱式

図4―2　盛り上がった巣の上部

上部の貯蜜部をとると，流蜜期にはしばらくすると巣が再び上に盛り上がってくる

回転させる。そうすると日本ミツバチはほとんど刺そうとせず、あわてて箱の隅に数分内に寄っていく。丸太を斜めにするのは、蜜が下に垂れ、巣内をベトつかせるのを防ぐためである。

⑤残す蜜量

残す貯蜜量は蜂球二つ分ほどあればよいだろう。ただ、小さい群は早い時期に産卵を始める傾向があるので消費量を多くみる。貯蜜の状態によっては餓死するので、念のため、晩秋と早春に内検を行なう。内検は天気予報をみて暖かくなる日の午前九〜一一時頃が蜂を凍えさせなくてよい。早春の内検では食料の残量と、女王蜂の有無（産卵育児行為）を確認する。寒地ではネコヤナギの咲き出す頃、暖地では梅の咲く前頃である。

(3)　新式による巣枠からの採蜜法

可動式巣枠の巣箱で日本ミツバチを飼育すると西洋ミツバチほどでなくとも、それに近い年数回の採蜜が可能になる。しかし日本ミツバチは神経質で巣内の大きな変化をきらうので、採蜜は一日に行なわず一つの巣箱の巣枠をとびとびに数日中に二回に分けて採蜜すると安全である。

二段重ねの巣箱では上部の巣枠には貯蜜ばかりなので、一度の採蜜ですむ。単箱群では採蜜の終わった巣枠は採蜜していない巣枠を間に差し込んでおくと、蜜にまみれた巣枠を早く掃除してくれる。

二回目の採蜜は神経質になっていると思うので夕方に行なうとよい。翌日か翌々日、蜂がおちついているか確かめてから行なう。しかも西洋ミツバチより採蜜力や熟成能力が弱いので、二回転目の採蜜は一週間〜一〇日後くらいがよい。

日本ミツバチは花から集めてきた花蜜を糖度七八〜七九度くらいに熟成するまで西洋ミツバチより時間がかかる。したがって急がず蜜ぶたがされた巣から主に採蜜する。一つの花からの蜜は半分か三分の二の採蜜回数でとどめる。糖度が低い状態のものは採蜜しないことなどを守り少しでも糖度の高い蜜をとるようにする（花から集めたばかりの蜜は糖度二〇〜三〇〈缶ジュースくらいの甘さ〉前後といわれている）。ただし、ユリノキの蜜ではしばしば四〇％を越える。

2、蜜のとり出し、精製、保存

(1) 自然巣からの蜜の採取・精製

①垂れ蜜

充分に貯められた蜜の採集方法は、重箱式や丸太式など自然営巣群の場合には、貯蜜部の近く（図

4—3）をコンコン振動を与えて反対側へ移動させる。そして蜜の部分を切り取り、ザル等に入れ暖かい場所に置く。すると奈良平安時代にも大変重宝がられたと記述に残るまじり気のないハチミツがとれる。これは甘味料に向き、用途も広く、おいしい蜜がとれる。温室など利用すると、なお一掃きれいに蜜が落ちる。こうしてとった蜜は垂れ蜜といい大変使用範囲が広い。

②湯煎

垂れ蜜をとった後の巣に残っている蜜や蜂の子や花粉、それに長年巣に蓄えられて熟成されたねっとりした貯蜜や結晶している蜜などはいっしょに湯煎をしてしぼり取る（図4—4）。とても滋養豊富で、ある人からは肝臓の数値が改善されたと喜ばれた。

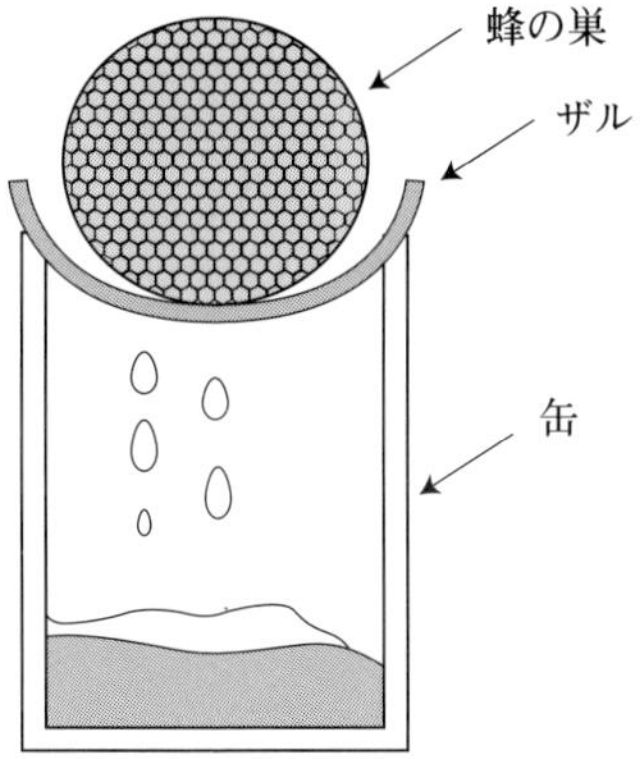

図4—3　垂れ蜜の作り方

つくり方はまず蜂の巣を容器に入れ、それをさらに湯の入ったカマ等に、容器ごと差し入れ、巣が溶けるまで煮る。この時、この中に水が入り込まないようにすること。それを麻袋に入れ圧搾機がなければ、何か重しをかける。こうしてしぼり出てきたドロドロの液体は、おけなどに受けてそのまま動かさずに冷えるま

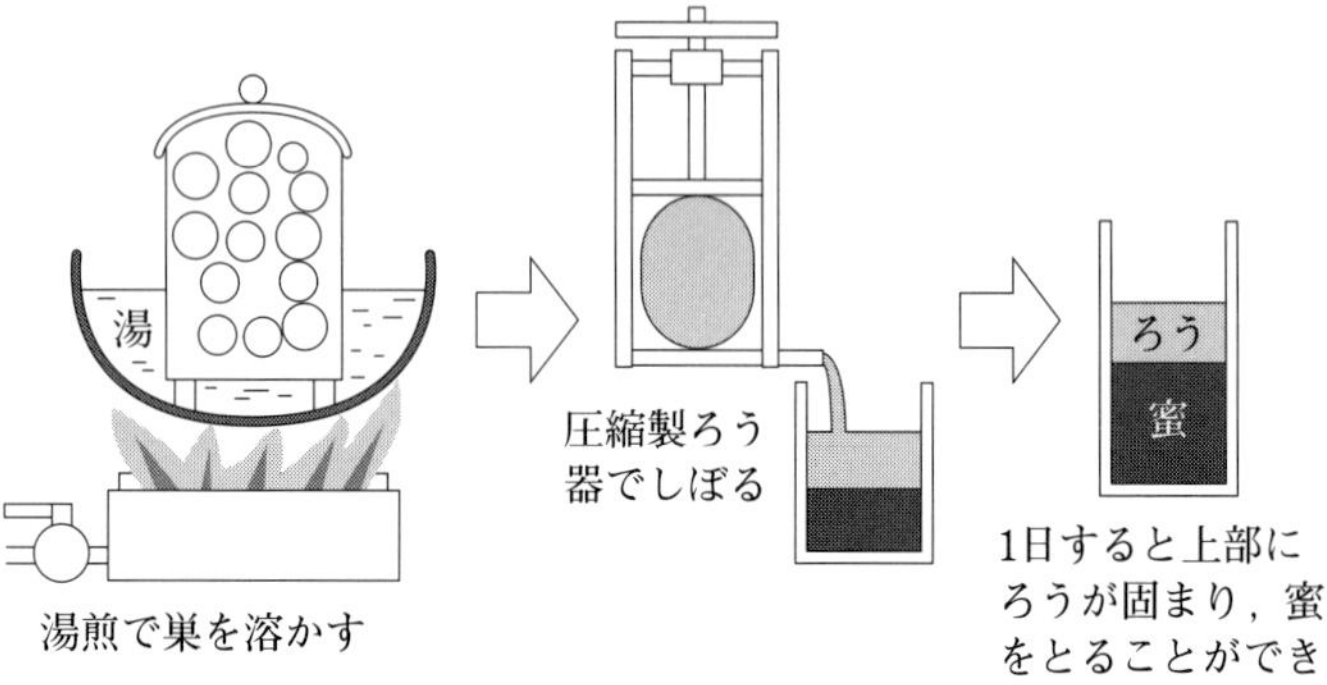
湯
圧縮製ろう
器でしぼる
ろう
蜜
1日すると上部に
ろうが固まり，蜜
をとることができ
る
湯煎で巣を溶かす

図4−4　湯煎の方法

で置くと上部にろうの固まりができる。これを二、三度同じ湯煎をくりかえす。そうすると巣礎の材料やロウソクその他工芸品用などに販売できる品質となるからよく乾燥させ大切に保存しておく。

③糖度の調整

さて、固まったろうの下に貯まっている、しぼりとったハチミツは前記の垂れ蜜とは違い、味に鮮度や花の香りを感じさせてくれるものではないが、天然のビタミン剤といわれる花粉や蜂の子のアミノ酸成分なども加わり栄養的に申し分ないハチミツになる。このハチミツは、時に蜂児が多く入ることもあるので仕上がったハチミツの糖度が下がることもあるので注意が必要である。糖度が七七度より下回るようなら、糖度の高い秋遅くとったハチミツにまぜるか浅いバットなどに入れ水分を飛ばすなどして、糖度を七八度以上にあげる必要がある。

(2) 西洋ミツバチよりも糖度が低い

夏期の採蜜においては日本ミツバチの場合、垂れ蜜、にごり蜜をとわず糖度不足で発酵し、すっぱくなったり、くさることもあるので素早い処置が必要である。いずれにせよ糖度計を使用することが必要だろう。初秋からは、時期が遅くなるほど糖度の高いハチミツがとれる。(糖度計は専門店には二～三万円で売っている)。

西洋ミツバチのハチミツの糖度は巣内の蜜ぶたのところをあけてみると七八～七九度以上くらいであるが、日本ミツバチの蜜を同様に夏採蜜して度数を見ると七六～七七度くらいが多い。働き蜂の総数が少ないので乾燥に時間がかかるのか、もともと発酵に対してそれほど、神経質でないのかもしれない。

西洋ミツバチの場合、同じ巣箱から四～五日間隔で採蜜できる。しかし、日本ミツバチは外勤蜂たちが花から集めてきた花蜜の糖度（二〇～三八度前後）が、発酵しにくい糖度（七六～七八度）になるには、内勤蜂がいくら頑張っても、一週間～一〇日はかかる。花の種類、花に含まれていた時の水分含有量によってはそれ以上かかる。西洋ミツバチは同じ花の蜜を同じ所で四回とれることもあるのだが、日本ミツバチではせいぜい二回と思ってよい。

(3) 保存するなら発酵防止に火入れ

七六〜七八度の糖度では発酵の心配がある。蜂が住んでいる実際の巣内で発酵して蜜ぶたがふくらんでいるものをみかけたことがある。西洋ミツバチでは、まずありえない。晩秋の蜜だとさすがに八〇度くらいある。また、年を越した蜜は八三度以上と糖度が上がる。そうすると発酵は止まる。

そして、そのために、一般的には、日本ミツバチのハチミツの昔ながらの採蜜では、巣の中でふたがけされたうえに、さらに三カ月、六カ月、場合によっては、一年に一度の収穫方法を選ぶことになったのだろう。まことに、そぼくというか、非効率的なものである。だから、火入れ（お酒と同じく、発酵菌もねむらせたり殺菌してしまう温度まで煮込む作業）を行なうところもある。

そこまでしないで利用するには採蜜から二〜三カ月以内の販売〜消費期限内で食べてもらうか、要冷蔵庫保存という方法、またはガス抜きできるよう布でつくったビンのふたをするか、はたまた、大きい平らな皿状のものにハチミツをひろげて乾燥させるなどの方法がある。とくに蜂の子（幼虫やサナギ）を含む、春や夏の巣を丸ごと、つぶしてしまう方式には、火入れは必要不可欠である。ただし秋にとれた蜜は、それにくらべて、水分が少ない乾燥した天気が続くうえに、蜂の子が極端に少なくなる時期が重なりもっとも糖濃度のある採蜜を行ないやすいので、火入れは必要ない場合が多い。

3、蜜を販売するには

(1) たくさんとれれば商売の芽も出る

ミツバチを飼い始めて知ることは、予想よりも、結構ハチミツは貯まるものだということである。西洋ミツバチのようにたくさんとれなくても、家族だけで食べるには、多すぎる。最初は近所の人に分けて喜ばれたり親せきにくばったりしている。生産者としてのプライドがくすぐられる瞬間でもある。ウワサを聞きつけてゆずってほしいと申し出られたり、タダでは悪いとお土産をもってこられたりする。しかし、そのうち、換金したくなることもある。第一、箱の修理やエサ代、道具代と、何かと入り用なことも事実である。そこで、商売の芽が生まれるのだが、何しろ、初めはどうしてよいかわかるはずもない。

とりあえず、保健所に行って相談するのもよい。また、最近は、県や市でも、第三セクターとかで半官半民のようなものでおみやげ販売や、イベント会場をつくってあたえてくれたり、お店をかまえることもめずらしくない。そういうチャンスを見逃がす手はない。朝市、夜市もこの頃多い。二、三日くらいなら、観察箱というガラス面がある巣枠一枚入って展示もできる便利な箱がある。どこの会場でも話のタネになり、販売のきっかけになる。そのうち委託販売を申し出る業者も出てくる。

卸値をざっくばらんに聞いてみて、できるかぎり、廉価に提供する努力をする。とはいえ、日本ミツバチの蜜はインパクトもあり、味わいは一味も二味もちがう。人気者となること受けあいである。だから、ダンピングする必要は全くない。今はただでさえ、複雑社会や環境問題で精神も肉体もストレスをかかえ、〝いやし〟をもとめている時である。ハチミツというだけでも牧歌的なイメージのうえに、日本ミツバチの蜜であれば太古かられんめんと続いてきた、われわれの先祖のかたわらに常にあり続けた『母なる蜜』なのである。お客様をそのことに気付かせるというか、その感性にまで開眼させる説得力と自信は自然に身に付くものだ。今、時代はワインブーム。私の知人に、ソムリエがいるが、彼は目かくしをしてもたくさんの甘味料からすぐ日本ミツバチのハチミツをさがし出し、『この蜜は根本的に他とちがう』『みなぎる生命力を感じる』などと言っている（これは本当の話）。

とにもかくにも、自然と原始をコンセプトの中心としてとらえる。なじみ、真のうまさのわかる人に納得してもらい買って頂くのが、手始めだろう。

(2) 広がるアイディア、楽しく売ろう

①「おごらみ」を出す

私の地方では良い意味で田舎風情があることを「おごらみがある」と言う。日本ミツバチのハチミツには、もとから、もっとおごそかなみやびの雰囲気を利用したものが喜ばれると思うし、商売感覚としても正攻法だろう。それらにともなって、その容器も、陶器や手づくり風ガラス、木製といった和風のもの、白やうす茶の陶磁器に山水画や花鳥のあしらったものが雰囲気をいやが上にも盛り上げる。竹もよいだろう。…そして、ラベルや、封印、結びひもも、ナワやタコ糸、しゅろナワが雰囲気をもりあげる。できれば自らの大きめのはんことか、習字を利用するとよい。大量でない時は、一個一個手書きをすすめたい。日本在来のミツバチやその生産したハチミツのイメージが行きつくところは、やはり、日本人のルーツ、底流に流れる愛国心や歴史の連続性そして日本人であることの再確認なのである。

②ひと工夫が活きる

結晶しやすいハチミツもあるので、わざと、冷蔵庫に出し入れしてクリーム状のキメのこまかい結晶ハチミツとして販売すれば一風変わった、ダラダラたれないバター状になる。巣穴に入ったまま切

って巣蜜で売ってもよい。日本ミツバチは、プロポリスを集めないので、巣が柔らかく、淡い色を呈する。蜜巣なので商品価値は西洋ミツバチより高い。蜜ろうも夾雑物がほとんどないので、和ロウソクとか、融点がとても低いので、鋳型やら、レトロとしてあぶり出しなどのハガキに利用してもよいし、和風せっけんのぜいたくな一品として。まっ茶の甘味にも、馬油とまぜて安全なリップスティックにも使いたい。

③和風料理でアピール

日本ミツバチのハチミツの加工は、その保存のために最低限手を加える以外は、好ましいとは思えない。ただの甘味料としてのものなら、大量に流通する西洋ミツバチのハチミツで充分である。もし、この貴重な、日本ミツバチのハチミツを使用するなら、それなりの意味を含んだ、特徴をつかんだ調理、料理として利用したい。たとえば、日本在来ということで日本京風料理の甘味に少々とか、和菓子、くず切り、くずきなこもち、高級みりん、松坂牛のステーキのタレ、高級和風喫茶や甘味どころの調味料、夏のかき氷の蜜とか。すべての甘味を日本ミツバチの蜜にしなくても和三盆糖に一割程度加えても独特な味わいが生まれる。今までのハチミツのイメージが日本料理になじまず、どことなく洋風だったのは、西洋の文化としての歴史とそのイメージ、また、刺激の強いストレートな甘味、パワフルさがわざわいしていた部分が大きいと思われるのだ。

おわりに―在来種は地域の宝だ―

私が小中学生の頃、日本は高度経済成長の只中にあり、養蜂家たちの将来にとってきわめて悲観的な状況にあった。私は、養蜂家としてまだ現役であった祖父の口から次のような話をたびたび聞かされていた。

「このままでは養蜂業はなり立たなくなる。空気や水が汚され、年々広葉樹林が伐栽されている。われわれ北国の養蜂家の生命線である栃の木もだ。南の地方だって同じだ。自然がどんどん失われていく。役人はほとんどわれわれの声に耳を貸してくれない。これでは後継者も育つわけがない」

「知人は、聞くところによると、南米で大らかに養蜂をしている。日本のように五〇群、一〇〇群のちまちました蜂飼いではなく、何千群という超大規模だそうだ」

「草木・果樹の栽培は土地が広すぎて授粉昆虫が回り切れず、蜂なしで立ちゆかない。養蜂家はとても大切にされ、日本のように無理解のためにしいたげられることがない」

「地平線のかなたまで蜜源の花々が続くという。そんな夢のようなところで蜂飼いができるとはうらやましい限りだ」

自然が大好きで、兄弟の中でもとりわけ『じいさんっ子』だった私は幼い頃から養蜂場についていった。自然は私の身体の一部になっていた。そしていつしか「自然との関わりの中で仕事をしたい。南米に行って、尊敬する祖父がうらやましがるほどの生活をするのもいいかも知れない」と考えるようになった（祖父は九四歳まで養蜂を行ない、九六歳で死去）。

私は二一～二二歳のとき、北米、南米を養蜂の研修とミツバチの研究で遊学した。遊学といってもそのまま移住するつもりもあった。ところが、海外の養蜂は自分の養蜂の常識を覆した。日本で通用することが全く通用しなかったり、日本では必要のない心配が一番重要な問題だったりした。たとえば、大規模経営ではちょっとした気候の変動が大きな減収に結びつく。蜜の生産量が多くても近在に販売先は少なく、国外に輸出すれば変動の激しい国際市場にさらされる。資材・情報もなかなか手に入らない。

帰国後、厳しい事情がわかってもなお大自然の中でのおおらかな養蜂に未練が残っていた時、偶然にも日本ミツバチに出会った。そして、日本ミツバチと付き合ううち、海外雄飛という勇ましい行為が小さく思えてきた。それは、日本ミツバチとの関わりのなかで在来種の価値に気づかされ、在来種に自分の養蜂の目的を見出したからである。

自然界は勝ち負けだけでは決して長続きしない。お互いの干渉をある程度、許容しながら次のステップに移ってゆく。決して一人勝ちの世界ではない。つまり、在来種とは何千年何万年かけて育まれた地域の生態系バランスでの結実、何千万回の自然の営みの中の〝試行錯誤〟そのものである。

今、在来種が注目されるのは、それが人間による小手先だけの操作では決してつくりようのない、それを目先の利益で失ってしまったとしたら、簡単には取り返しのつかない根源的かつ普遍的な価値をもっているからだ。そのことを誰もが生命として感じとり、在来種への郷愁、親愛の情、敬意に姿をかえて心に留めているのだろう。

日本には海外のような圧倒されるスケールの大自然こそないが、永い時を経て幾多の試行錯誤に裏打ちされた固有の自然がある。そのような小さな自然のもとで、資材、情報、加工、産直など小回りの効く技術基盤が築かれ、小さな創意・工夫が活かされてきた（一七二〜一七三ページの『蜂蜜一覧』参照）。私の在来種養蜂が成り立つ素地もここにある。

その土地にしか存在しないミツバチ、在来種は地域の宝である。そんなミツバチが地域の花々から集めたハチミツはそこに住む人々の食の財産でもある。私は日本ミツバチとの末永い共存を願ってやまない。人間もまた在来種なのだから。

この本を日本養蜂勃興に一生をつくした祖父、故・藤原誠祐と、日本ミツバチに科学と愛情をふりそそいだ、故・岡田一次氏にささげる。

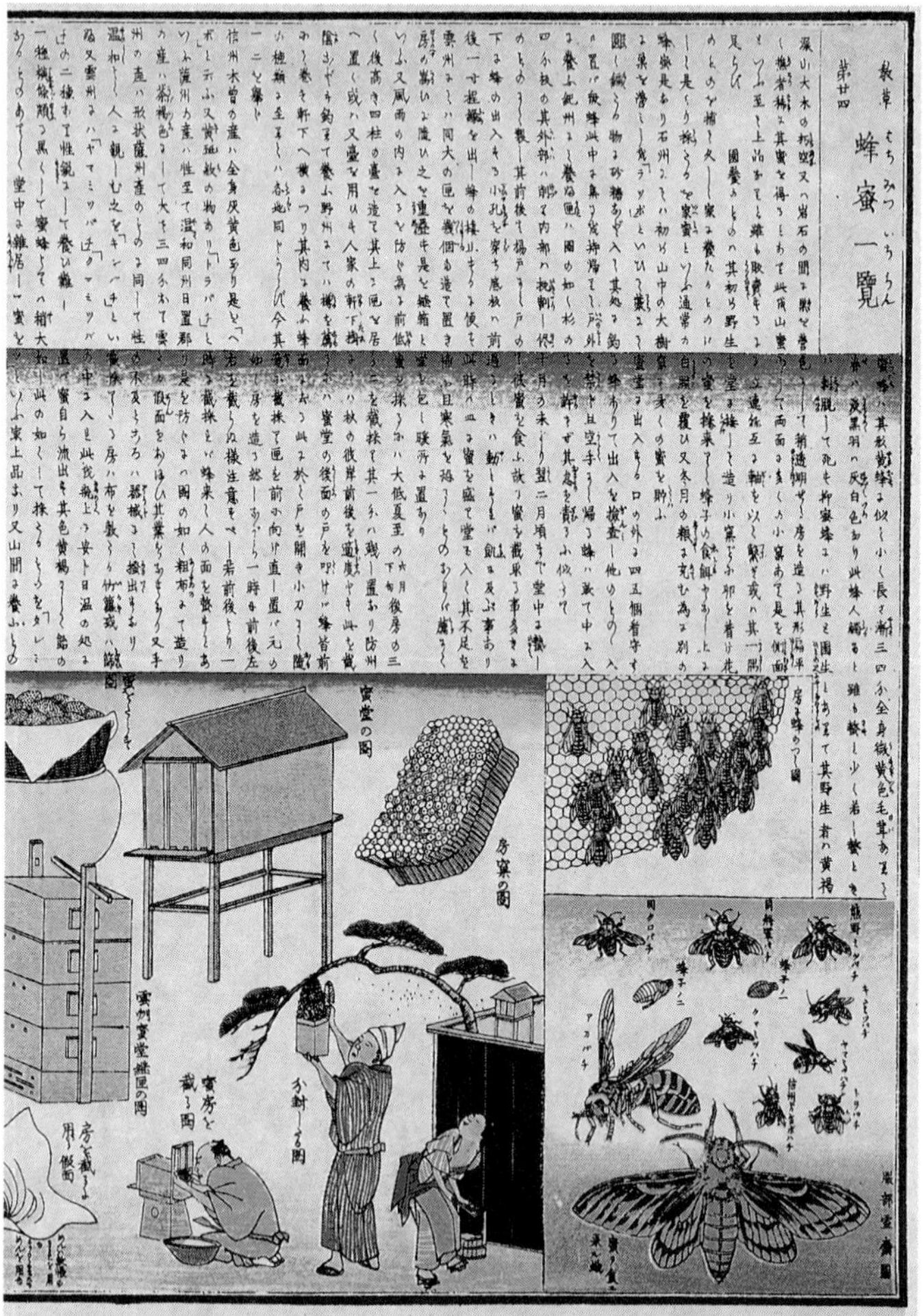

教草
第廿四
蜂蜜《みついちらん》一覧
蜜堂の圖
房窠の圖
房と蜂のつ《ゝ》く圖
雲州蜜堂鑵匣の圖
蜜房を截る圖
分封する圖
房を截るに用る假面
同クロバチ
熊野ミツバチ
蜂子ノ一
蜂子ノ二
アカバチ
クマーツバチ
キミツバチ
ヤマミツバチ
トラバチ
服部雪齋圖

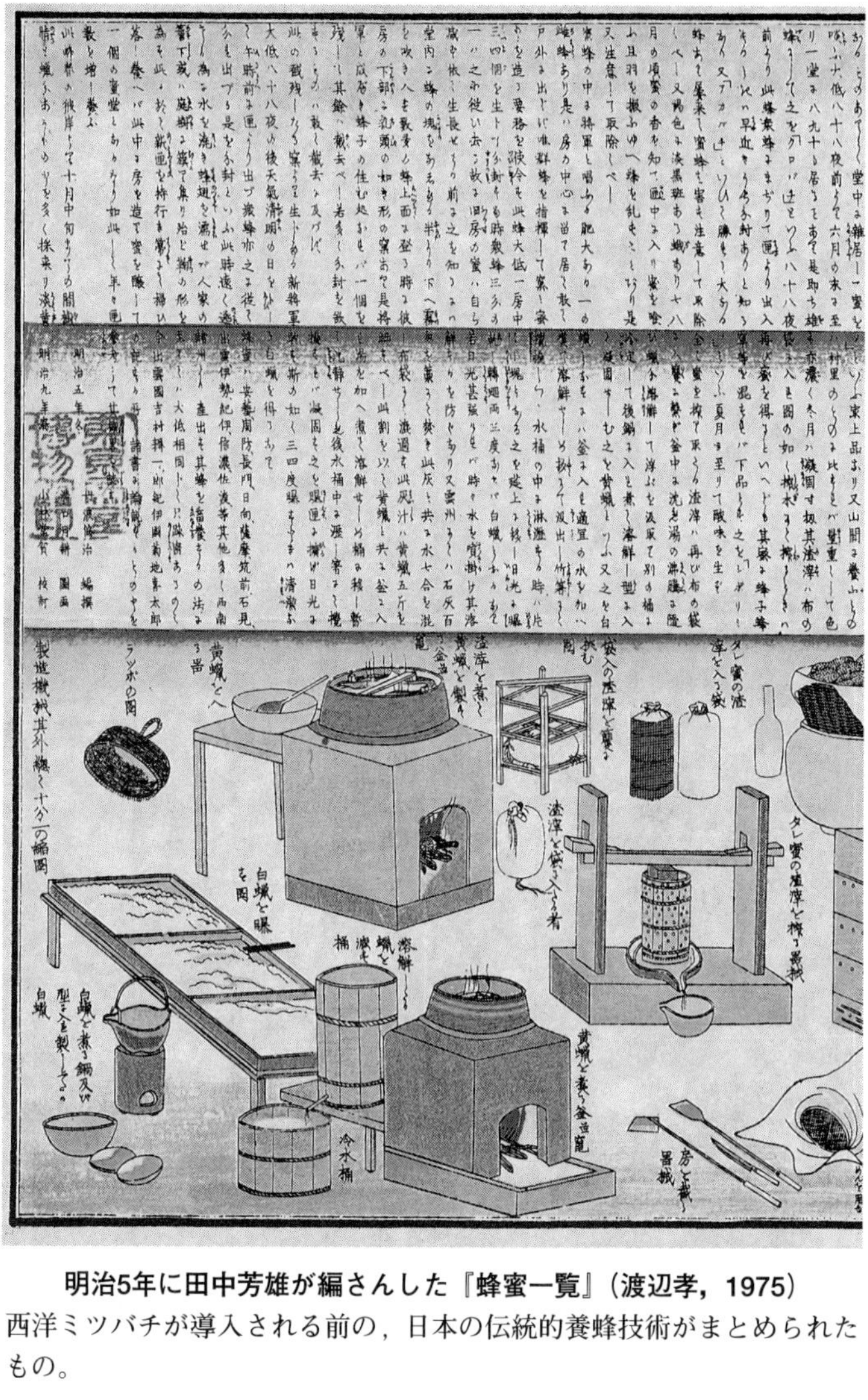

明治5年に田中芳雄が編さんした『蜂蜜一覧』（渡辺孝，1975）
西洋ミツバチが導入される前の，日本の伝統的養蜂技術がまとめられたもの。

主に職業養蜂家が加入する団体で、日本各地に支部がある。地域ごとに飼育蜂群の調整を行なっている。日本ミツバチを多群飼育する人は事前に連絡をいれた方がよい。農業・緑化に大いに貢献してきた歴史がある。

玉川大学　学術研究所　ミツバチ科学研究施設

〒194-0041　東京都町田市玉川学園6－1－1

全国の養蜂家・研究者が集まるミツバチ科学研究会を主催（毎年1月初旬）。機関紙『ミツバチ科学』は日本ミツバチについても詳しく、ためになる。

（ＪＳＴ）さきがけ21研究室（笹川浩美）

〒305-0851　茨城県つくば市大わし1－2　農水省　蚕糸・昆虫農業技術研究所

日本ミツバチのダニ、キンリョウヘンの研究など。

筑波大学応用生物化学系（松山茂）

〒305-8572　茨城県つくば市天王台1－1－1

ミツバチを中心とした昆虫全般のフェロモンなど化学物質の単離・同定・合成の研究。

農水省　畜産試験場　〒305-0901　茨城県稲敷郡茎崎町池の台2

主にミツバチの遺伝子について研究。

日本蜂研究会（青木圭三）　東京都町田市

主に関東中心に日本ミツバチの捕獲・繁殖、研究、会員相互の親睦を行なう。

山蜂の会　〒979-1202　福島県双葉郡川内村大字下川内字熊ノ坪6

村ぐるみで蜜源樹植栽に取り組む。工夫を凝らした巣箱。

ニホンミツバチの会　〒775-0101　徳島県海部郡海南町浅川粟浦

会員多数。古くから飼育。蜂の性質も比較的温和。

■参考文献

渡辺孝著『増補　ハチミツの百科』（真珠書院）
渡辺寛・孝著『近代養蜂』（日本養蜂振興会）
角田公次著『ミツバチ－飼育生産の実際と蜜源植物－』（農文協）
佐々木正巳著『ニホンミツバチ－北限のApis cerana－』（海游舎）
吉田忠晴著『ニホンミツバチの飼育法と生態』（玉川大学出版部）
岡田一次著『ニホンミツバチ誌』（玉川大学出版部）
岡田一次著「ニホンミツバチ（日本蜂）－覚え書き」『ミツバチ科学』（玉川大学ミツバチ科学研究施設）
松本保千代編『蜜市翁小伝』（自費出版）
井上丹治著『新蜜源植物綜説』（アズミ書房）

●巻末資料

■お問い合わせ先

日本在来種みつばちの会　電話　019-624-3001　FAX　019-624-3118
〒020-0886　岩手県盛岡市若園町3－10（藤原養蜂場内）
職業・年齢を問わない全国組織の同好会で、日本ミツバチの保護・研究・増殖、日本ミツバチを通じた自然環境の保全・啓蒙活動、会員相互の親睦を深めることを目的とする（年会費3500円）。飼育指導、各種行事案内、蜜源樹・蜂群の斡旋、機関紙送付（年2～3回）、正会員には、主旨に賛同して養蜂具などの割引を行なう業者を斡旋している。

■資材の購入先

（有）藤原養蜂場　電話　019-624-3001（同上）
日本在来種みつばちの会事務局。各種養蜂具・人工巣の販売、種蜂群の譲渡、蜂蜜を買い入れ。
（株）養蜂研究所　電話　052-792-1183
〒463-0011　愛知県名古屋市守山区小幡北山2773－160
西洋ミツバチ群、各種養蜂具などを販売。世界中のミツバチ関係のものを集めた展示館は一見の価値あり。
渡辺養蜂場　電話　0582-71-0131
〒500-8453　岐阜県岐阜市加納鉄砲町2－43
西洋ミツバチ群、各種養蜂具などを販売。名著『近代養蜂』の著作権者で、『蜂蜜一覧』所蔵者。
熊谷養蜂（株）　電話　0485-84-1183
〒369-1241　埼玉県大里郡花園町武蔵野2279－1
西洋ミツバチ群、各種養蜂具などを販売。
アウトバック（藤村正樹）　電話　019-696-4647
〒020-0401　岩手県盛岡市手代森16－27－1
熊対策グッズを多数取り揃え。日本在来種みつばちの会の主旨に賛同。

■ミツバチの関連団体

(社)日本養蜂はちみつ協会　電話　03-3297-5645
〒104-0033　東京都中央区新川2－6－16（馬事畜産会館内）

著者紹介

藤原　誠太（ふじわら　せいた）
昭和32年，岩手県盛岡市生まれ。東京農業大学　農業拓殖学科卒業（在学中に北南米で約一年間養蜂研究）。独自に日本ミツバチの飼育法を開発（藤原式），養蜂関係特許多数保有。現在，（有）藤原アイスクリーム工場　専務取締役，（有）藤原養蜂場　専務取締役，日本在来種みつばちの会　会長。

村上　　正（むらかみ　ただし）
昭和27年，岩手県紫波郡都南村生まれ。岩手県中央職業訓練所修了，家具職人として木材の見立て，木工に精通。独自に日本ミツバチの飼育法を開発（村上式），藤原誠太氏とともに日本在来種みつばちの会を結成。現在，（有）藤原養蜂場養蜂管理課長，日本在来種みつばちの会　理事。一級技能士，職業訓練指導員。

◆新特産シリーズ◆
日本ミツバチ—在来種養蜂の実際—

2000年３月31日　第１刷発行
2023年３月10日　第25刷発行

編　者　　日本在来種みつばちの会
著　者　　藤原誠太，村上正

発行所　一般社団法人　農山漁村文化協会
郵便番号　335-0022　埼玉県戸田市上戸田２-２-２
電話　048（233）9351（営業）　048（233）9355（編集）
FAX　048（299）2812　　振替　00120-3-144478

ISBN978-4-540-99252-0　　製作／(株)新制作社
〈検印廃止〉　　印刷／(株)新協

製本／(株)根本製本
Printed in Japan　　定価はカバーに表示
乱丁・落丁本はお取り替えいたします。